M. Raed Arab

Reconstruction 3D d'un matériau poreux à partir d'une coupe 2D

M. Raed Arab

Reconstruction 3D d'un matériau poreux à partir d'une coupe 2D

Evaluation de ses propriétés thermo physiques : conductivité thermique et perméabilité, etc.

Presses Académiques Francophones

Impressum / Mentions légales

Bibliografische Information der Deutschen Nationalbibliothek: Die Deutsche Nationalbibliothek verzeichnet diese Publikation in der Deutschen Nationalbibliografie; detaillierte bibliografische Daten sind im Internet über http://dnb.d-nb.de abrufbar.

Alle in diesem Buch genannten Marken und Produktnamen unterliegen warenzeichen-, marken- oder patentrechtlichem Schutz bzw. sind Warenzeichen oder eingetragene Warenzeichen der jeweiligen Inhaber. Die Wiedergabe von Marken, Produktnamen, Gebrauchsnamen, Handelsnamen, Warenbezeichnungen u.s.w. in diesem Werk berechtigt auch ohne besondere Kennzeichnung nicht zu der Annahme, dass solche Namen im Sinne der Warenzeichen- und Markenschutzgesetzgebung als frei zu betrachten wären und daher von jedermann benutzt werden dürften.

Information bibliographique publiée par la Deutsche Nationalbibliothek: La Deutsche Nationalbibliothek inscrit cette publication à la Deutsche Nationalbibliografie; des données bibliographiques détaillées sont disponibles sur internet à l'adresse http://dnb.d-nb.de.

Toutes marques et noms de produits mentionnés dans ce livre demeurent sous la protection des marques, des marques déposées et des brevets, et sont des marques ou des marques déposées de leurs détenteurs respectifs. L'utilisation des marques, noms de produits, noms communs, noms commerciaux, descriptions de produits, etc, même sans qu'ils soient mentionnés de façon particulière dans ce livre ne signifie en aucune façon que ces noms peuvent être utilisés sans restriction à l'égard de la législation pour la protection des marques et des marques déposées et pourraient donc être utilisés par quiconque.

Coverbild / Photo de couverture: www.ingimage.com

Verlag / Editeur:
Presses Académiques Francophones
ist ein Imprint der / est une marque déposée de
OmniScriptum GmbH & Co. KG
Heinrich-Böcking-Str. 6-8, 66121 Saarbrücken, Deutschland / Allemagne
Email: info@presses-academiques.com

Herstellung: siehe letzte Seite /
Impression: voir la dernière page
ISBN: 978-3-8416-2271-6

Copyright / Droit d'auteur © 2013 OmniScriptum GmbH & Co. KG
Alle Rechte vorbehalten. / Tous droits réservés. Saarbrücken 2013

UNIVERSITE DE LIMOGES

Pôle de Recherche et d'Enseignement Supérieur « Limousin Poitou-Charentes »

École Doctorale Science et Ingénierie en Matériaux, Mécanique, Énergétique et Aéronautique

Faculté des Sciences et Techniques

Thèse N° [21-2010]

Thèse pour obtenir le grade de

Docteur de l'Université de Limoges

Discipline : *Matériaux et Procédés*
Spécialité : *Céramiques et Traitement de Surface*s

Présentée et soutenue par

Mohamed-Raed ARAB

le 5 juillet 2010

Reconstruction stochastique 3D d'un matériau céramique poreux à partir d'images expérimentales et évaluation de sa conductivité thermique et de sa perméabilité

JURY :
Rapporteurs :
Rachid BENNACER, Professeur, Université de Cergy-Pontoise
Jean-Pierre FONTAINE, Professeur, Université de Clermont-Ferrand
Examinateurs :
Jean-Claude LABBE, Professeur émérite, Université de Limoges
Jean-Pierre LECOMPTE, Maître de Conférences, Université de Limoges
Hamou SADAT, Professeur, Université de Poitiers
Kheir-Eddine TARSHA-KURDI, Maître de Conférences, Université d'Alep, Syrie
Invités :
Mohamed EL GANAOUI, Maître de Conférences (HDR), Université de Limoges
Bernard PATEYRON, Ingénieur de Recherche CNRS (HDR), Docteur ès Sciences physiques

A un Homme qui s'appelle ... Bernard PATEYRON

إلى ذلك الشخص الذي ما بَخِلَ بعطاءٍ ولا امتنعَ عن

تقديم لمسةٍ سحريّةٍ توحي بِعَظَمَةِ الرّوحِ التي تسكُنهُ،

تلك الرّوح الّتي تغيّرَت عليّ كما تغيّرتُ

عليها قبل أن تسكُنَ ذكرى الرمادِ والغبارِ

ذاكرتنا المشتركة ذاتَ صيفٍ.

أقولها من القلب : شكراً

Remerciements

Ce travail de thèse a été réalisé dans le cadre de la convention franco-syrienne PAB (9ième promotion) au sein du Laboratoire Science des Procédés Céramiques et de Traitements de Surface (SPCTS-UMR 6638) de l'université de Limoges. Je tiens à remercier ses directeurs Monsieur le Professeur **Jean-François BAUMARD** puis Monsieur le professeur **Thierry CHARTIER** de m'avoir fait bon accueil.

Ce mémoire de thèse n'aurait pas pu voir la lumière du jour sans la contribution de nombreuses personnes. Les compétences scientifiques des uns et les encouragements des autres ont permis, que l'étranger, en arrive à bout. J'exprime ma très sincère reconnaissance à mes directeurs de thèse, Messieurs **Jean-Claude LABBE**, Professeur Emérite de l'Université de Limoges, **Jean-Pierre LECOMPTE** Maître de Conférences (HDR) à l'ENSIL de Limoges, **Mohamed EL GANAOUI**, Maître de Conférences (HDR) à l'Université de Limoges et **Bernard PATEYRON**, Ingénieur de recherche CNRS (HDR) Docteur d'Etat ès Sciences physiques, pour l'encadrement de ce travail et pour m'avoir guidé pendant le temps de préparation de cette thèse.

À Monsieur **Hamou SADAT**, Professeur à l'Université de Poitiers, j'exprime ma gratitude pour avoir accepté de présider le jury de cette thèse. Je remercie également Monsieur **Rachid BENNACER**, Professeur à l'Université de Cergy-Pontoise, et Monsieur **Jean Pierre FONTAINE**, Professeur à l'Université de Clermont-Ferrand, d'avoir examiné mon travail en tant que rapporteur. Je leur exprime toute ma reconnaissance pour l'intérêt qu'ils ont manifesté à l'endroit de ce travail et pour leurs fructueuses appréciations.

Que Monsieur **Kheir-Eddine TARSHA-KURDI**, Maître de Conférences à Université d'Alep (Syrie) soit remercié d'être venu tout spécialement participer à ce jury.

J'adresse toute ma gratitude à Monsieur **Elalami SEMMA**, Professeur à l'Université Hassan I (Maroc), pour sa collaboration à ce travail et le temps qu'il m'a accordé durant ses séjours à Limoges. Qu'il soit assuré de mon profond respect. Toute ma gratitude va également à **Jean-Pierre BONNET**, Professeur Emérite à l'école ENSCI-Limoges, pour son soutien et ses encouragements avant et au cours de ma thèse. Je souhaite remercier le Docteur **Alain GRIMAUD** qui a bien voulu me faire partager son expérience pratique et sa recherche de solutions immédiates. Je suis très reconnaissant envers Monsieur **Nicolas CALVÉ** (Cher Nicolas, le sapeur-pompier de l'informatique), pour son aide et soutien précieux dans la mise au point des codes réalisés lors de cette thèse et pour les astuces et le temps de calculs gagné.

Je n'oublie pas ceux avec qui j'ai partagé mes trois premières années au « Labo des Arabes » : les Docteurs **Fadhel, Khalid** et **Hamid**. Je tiens également à remercier les futurs Docteurs : **Farid, Soumia**, et **Ridha**. Aussi **Soufiane** (Militant Un : je ne t'embête plus avec mes histoires d'aventures) et **AbdelRazzak** (Militant Zéro : arrête de dire Non !) pour la sympathie et les moments inoubliables pendant la période la plus critique de ma thèse.

Infiniment, de tout mon cœur, je dois remercier **l'Inconnu** (la main du destin). Par lui, le jour de l'été 2009, ma vie a éclaté et a été complètement chamboulée avec l'incendie du laboratoire « Réacteur Plasma »[1]. Il m'a transformé en SBF (sans bureau fixe) durant trois mois et SOF (sans ordinateur fixe) durant cinq mois. Je suis encore SEDP (sans documentations et effets personnels), lesquels sont toujours recouverts de suies. J'adresse donc un remerciement particulier à tous mes collègues du pôle céramique qui m'ont soutenu après cet incendie, notamment **Saïd** (chéro).

Mes déplacements lors de la participation aux conférences internationales m'ont permis de discuter et nouer des relations avec des professeurs éminents. Je cite le Pr. **Mike SUKOP** et le Pr. **Li-shi LUO** (I'm not a frog, Sir !) aux USA, le Pr. **M. Ziad SAGHIR** au Canada, et le Pr. **François DUBOIS** et le Dr. **Bérangère LARTIGUE** (ça y est, je soutiens très bientôt) en France.

---

[1] En 2013, cet incendie du 21 juin 2009, reste non élucidé et aucune enquête n'a été diligentée.

Je dois un grand MERCI à la famille **BOUKHARRATA** (Kacem, Nefla, Yahya et Eya) ainsi que **Ahmed** pour leur soutien et leur accueil chaleureux au cours de six ans de séjour à Limoges (Qu'on se revoit un jour !). J'exprime ma reconnaissance aussi à mon compatriote **Yahya** (Meric de « ton avis ! »).

بقي أن أتوجه بالشكر الوافر الجزيل إلى أمي وأبي اللَّذين ينتظران عودة ابنهما واللَّذين لم يبخلا بدعم مادي أو بنصح أو بدعاء وبكاء طيلة فترة إقامتي في فرنسا، إلى إخوتي الَّذينَ أفرح بفرحهم كما يبكون لألمي، إلى أسرتي الصغيرة التي أمضيت معها نصف المشوار في فرنسا ونصفه الآخر محروماً منها مكرَهاً لأسباب غامضة لا أدريها.

Nomenclature

Nomenclature latine

C	colonne
L	ligne
p	nombre de couches (palettes) dans une image numérique
M	valeur de couleur d'un pixel dans une image numérique
p	pression (Pa)
T	température (K)
t	temps (s)
u	vitesse macroscopique (m.s^{-1})
c	vitesse de propagation nodale
c_s	vitesse du son en réseau
c_v	chaleur spécifique sous volume constante (J.kg^{-1}.K^{-1})
c_p	chaleur spécifique sous pression constante (J.kg^{-1}.K^{-1})
e	vecteur de vitesse nodale (unité)
n	nombre de particules (variable booléen)
f	fonction de distribution
f_{eq}	fonction de distribution à l'équilibre
g	fonction de distribution thermique
g_{eq}	fonction de distribution thermique à l'équilibre
V	volume (m^3)
L	longueur (m)
W	largeur (m)
H	hauteur (m)
d	diamètre (m)

Nomenclature

r	rayon (m)
k	perméabilité (m^{-2})
q	flux thermique (W)
h	coefficient de transfert thermique par convection ($W.m^{-2}.K^{-1}$)
g	constant de pesanteur ($m.s^{-2}$)
R	constant du gaz parfait ($J.mole^{-1}.K^{-1}$)
E	énergie (J)
$\hat{s}$	matrice diagonale de relaxation (modèle LB-MRT)
m	moments (modèle LB-MRT)
h	coefficient de transfert de chaleur convectif ($W.m^{-2}.K^{-1}$)
A	aire d'une section de surface (m^2)

Nomenclature grecque

α	diffusivité thermique ($m^2.s^{-1}$)
β	coefficient d'expansion volumique (K^{-1})
ε	énergie interne ; porosité ; précision de calcul
λ	longueur de passage libre moyen (m)
κ	conductivité thermique ($W.m^{-1}.K^{-1}$)
μ	viscosité dynamique ($kg.m^{-1}.s^{-1}$)
τ	temps de relaxation adimensionnel
υ	viscosité cinématique ($m^2.s^{-1}$)
ρ	masse volumique ($kg.m^{-3}$)
π	constante d'une valeur de 3.14159265...
φ	fraction solide
ϕ	porosité = $1 - \varphi$
Δ	incrément

Nomenclature

Ω	opérateur de collision
δ	incrémentation
θ	température adimensionnelle

Nombres adimensionnels

Kn	nombre de Knudsen	$Kn = \dfrac{\lambda}{L}$
Ma	nombre de Mach	$Ma = \dfrac{c}{C_s}$
Re	nombre de Reynolds	$Re = \dfrac{uL}{\upsilon}$
Ra	nombre de Rayleigh	$Ra = \dfrac{g\beta}{\upsilon\alpha}\Delta TL^3$
Pr	nombre de Prandtl	$Pr = \dfrac{\upsilon}{\alpha}$

Indices

tot	total
ave	moyen
s	solide, son
l	liquide
i	direction selon x, indice de vecteur en réseau BR
j	direction selon y
k	direction selon z
eff	effective
m	moyen
eq	équilibre
in	entrée

Nomenclature

out	sortie
int	interface
n	porté
cond	conductif
conv	convectif
opp	sens opposé
w	mur, bord
trans	transversal(e)
amb	ambiant(e)

Abréviations

BGK	Bhatnagar, Gross et Krook (modèle)
FHP	Frisch-Hasslacher-Pomeau (modèle)
EF	Éléments Finis (méthode)
DF	Différences Finies (méthode)
VF	Volumes Finis (méthode)
BR	Boltzmann sur Réseau (méthode)
$DdQq$	type de modèle BR (d : l'espace et q : nombre de vecteur de vitesse)
CTE	Conductivité Thermique Effective (milieu hétérogène)
RTC	Résistance Thermique de Contacte (dépôt plasma)
EB	Equation de Boltzmann (modèle)
GR	Gaz sur Réseau (méthode)
RF	Radio Fréquence
MEMS	Micro ÉlectroMécaniques (systèmes)
EDP	Équation aux Dérivées Partielles

Termes anglais

LBM	Lattice Boltzmann Method
LGA	Lattice Gas Automata
MRT	Multiple Relaxation Time
CT	Computed Tomography
SBB	Standard Bounce Back (conditions aux limites)
CFD	Computational Fluid Dynamics (méthode)
BCs	Boundary Conditions (condition aux limites)
PBCs	Periodic Boundary Conditions (condition aux limites)
PPM	Portable Pixel Map (format d'images)
BMP	BitMap Picture (format d'images)
TIFF	Tagged Image File Format (format d'images)

Termes spécifiques au schéma du Recuit simulé

E	énergie
$L_P(R)$	fonction du chemin linéaire
$P(0,1)$	fonction de probabilité
$\vec{R}$	vecteur de longueur de référence
$\vec{r}$	point (vecteur) de l'espace de l'image
r	rayon (m)
$S_2(\vec{R})$	fonction de corrélation 2-points
$R_2(\vec{R})$	fonction d'autocorrélation 2-points
$C_2(\vec{r_1},\vec{r_2})$	fonction d'amas (cluster) 2-points
$P(\delta)$	fonction de distribution de taille des pores
T	température du recuit
t	temps

Nomenclature

V	volume représentatif
Z(r)	fonction de phase (fonction indicateur)
N_P	nombre de voisins d'un voxel « pore » dans la même phase
N_S	nombre de voisins d'un voxel « solide » dans la même phase
K_B	constante de Boltzmann
s	surface volumique (m^{-1})

Symboles grecs

α	facteur de pondération
β	facteur de pondération
ϕ	porosité d'un matériau
λ	facteur de réduction de la température du recuit
δ	taille moyenne des pores dans une structure
σ	écart type (statistique)

Indices

ad	adimensionnel
min	minimum
max	maximum
ref	référence
sim	simulation
tot	total
rej	réjection

Nomenclature

accept	accepté
$\langle . \rangle$	moyenne
0	l'état initial
n	noir
b	blanc
S	solide
P	pore

Abréviations

RS	Recuit Simulé
R-X	Rayons X

Termes anglais

CT	Computed Tomography
SA	Simulated Annealing
SR	Stochastic Reconstruction
LPA	Lattice-Point Algorithm
FFT	Fast Fourrier Transform

Nomenclature

Introduction générale

Ce travail s'inscrit dans la continuité des travaux de modélisation et des activités de recherche menées au sein du laboratoire SPCTS et notamment le développement du logiciel « Jets&Poudres » [1, 2].

En effet l'industrie de la projection plasma se confronté à des besoins de performance croissants et à des exigences de plus en plus sévères, ce qui impose une meilleure compréhension des phénomènes impliqués dans le processus de projection plasma (fluctuations du pied d'arc, phénomène de dispersion des grains de poudres, interaction grain-plasma, impact des grains sur le substrat, …), ainsi que dans le contrôle en ligne et le modèle numérique. Le laboratoire SPCTS (Sciences des Procédés Céramiques et Traitement de Surface) se propose depuis plus de trente ans d'élaborer des outils de diagnostic et de modélisation des procédés de projection plasma. Ses travaux expérimentaux et de simulations ont couvert les différents domaines du procédé [3, 4, 5, 6, 7, 8, 9, 10, 11, 12, 13, 14, 15].

Il s'agit ici d'un premier pas dans le domaine de la caractérisation numérique d'un matériau bi-phasique, représentatif du dépôt obtenu par projection thermique. Le mot phase désigne ici l'état de matière : solide, liquide et gaz. Un cas particulier des matériaux diphasique est celui ou la seconde phase est gazeuse et il s'agit alors de matériaux poreux.

Ces matériaux céramiques poreux dont les premiers avantages sont l'allègement (diminution de matière) et l'augmentation de surface volumique, suscitent un vif intérêt en raison de leurs applications variées et dans des domaines aussi divers que les techniques de séparation (chromatographie), l'immobilisation d'enzymes, la libération contrôlée de substances actives, le transport capillaire de gaz ou d'espèces chargées, la catalyse supportée et plus généralement la chimie en milieu confiné ou encore la conception de nanomatériaux. Citons encore les membranes et électrodes de piles à combustible, les dépôts de protection anticorrosion, l'industrie de microélectronique [16, 17] mais aussi l'isolation thermique ou acoustique ainsi les dépôts sur les turbines d'avions.

Une des difficultés majeures quant à l'utilisation de ces matériaux poreux est la maîtrise de leurs propriétés physiques (mécaniques, thermiques, électriques) en fonction du taux de porosité et de la taille et de la répartition des pores. Le développement de ces matériaux suppose donc une prédiction précise de leurs propriétés physiques.

Les mesures expérimentales directes sont le moyen le plus évident d'accès aux valeurs des propriétés d'intérêt. Cependant, celles-ci sont coûteuses et longues. Elles sont aussi difficiles, lorsqu'il s'agit des dépôts, en raison des faibles épaisseurs, des architectures complexes et inhomogènes en porosité, fissuration et composition. Soulignons ici que les descriptions analytiques disponibles pour relier la perméabilité et la conductivité thermique à la morphologie de dépôts ne sont applicables que dans des cas très simples et sont insuffisantes pour décrire la complexité des géométries rencontrées [18].

Le coefficient de perméabilité d'un dépôt anticorrosion, c'est-à-dire sa résistance à la pénétration d'un flux de matière, est sa caractéristique fondamentale, de même que la conductivité thermique, c'est-à-dire sa résistance à la pénétration d'un flux thermique, est celle d'une barrière thermique. Ces grandeurs physiques ne sont pas facilement mesurables et les prédictions par des modèles analytiques ou par voie numérique représentent un enjeu important pour la compréhension et la maîtrise des matériaux poreux. Il existe de nombreux modèles analytiques qui permettent de prédire la conductivité thermique effective en fonction du taux de porosité et des conductivités des deux phases [19, 20, 21, 22], et il en est de même pour la perméabilité [23, 24, 25, 26]. Ces modèles sont fondés sur des simplifications géométriques qui sont souvent éloignées de la microstructure réelle du matériau. La modélisation est quant à elle de plus en plus utilisée en raison des progrès informatiques qui permettent de simuler le transport de la matière et le transfert de la chaleur dans des géométries complexes en deux et trois dimensions.

Pour ces raisons il est nécessaire de développer des méthodes d'estimation de « perméabilité équivalente » et de « conductivité thermique effective » à partir d'images en coupe, obtenues par différents moyens tels que la microscopie optique (MO) ou électronique à balayage (MEB). L'intérêt des résultats obtenus en géométrie bidimensionnelle reste faible, ce qui impose l'étude de géométries tridimensionnelles. Caractériser un matériau nécessite donc une représentation précise de sa structure. Du point de vue expérimental, la structure tridimensionnelle peut être construite par empilement de couches de faibles épaisseurs [27, 28]. Cette voie d'exploitation est très lourde et très longue en temps. La technique de tomographie a ouvert la voie de l'étude de structures tridimensionnelles [29, 30]. En dépit de son développement rapide et de la résolution élevée des images obtenues, cette technique reste onéreuse et peu accessible. En outre la taille de l'échantillon traité est relativement faible comparativement à celle de l'image obtenue par les techniques 2D.

La reconstruction stochastique d'une structure réelle d'un matériau céramique à partir des informations morphologiques statistiques extraites d'une image bidimensionnelle est proposée dans cette thèse. Cette méthode de reconstruction de milieux isotropes ou anisotropes est fondée sur la minimisation par la méthode du recuit simulé (RS) [31, 32]. Les informations morphologiques extraites d'une image 2D sont de différents types, usuellement ce sont la fraction volumique d'une phase, la fonction de corrélation 2-points ainsi que la fonction du chemin linéaire [33] qui sont utilisées.

Les méthodes indirectes par simulations numériques sont attrayantes et les méthodes de différence finies et d'éléments finis sont très largement exploitées [34, 35, 36, 37]. Cependant, les domaines complexes, comme ceux des milieux poreux, représentent un défi en raison de la complexité du maillage à construire.

Une alternative, la méthode Boltzmann sur réseau (BR) [38, 39], est proposée pour caractériser les matériaux poreux par simulation à partir d'images binaires de leur structure. Au cours de ces dernières années, cette méthode statistique dite à échelle mésoscopique, c'est-à-dire intermédiaire entre échelle microscopique ou atomique, et échelle macroscopique, a connu un succès immense dans le domaine de la simulation des écoulements isothermes [40, 41]. Elle a retenu l'attention des mécaniciens des fluides pour la simulation d'écoulements dans des géométries complexes comme celle des milieux poreux. Elle repose sur un algorithme qui simule l'équation de Boltzmann [42, 43] et permet de remonter simplement à la résolution des équations aux dérivées partielles de Navier-Stokes. Ces facilités d'application des conditions aux limites permettent de simuler des géométries complexes, les milieux poreux y compris.

Cette étude se propose de déterminer la perméabilité et la conductivité thermique effective du volume représentatif d'un matériau poreux isotrope reconstruit à partir de l'image 2D d'une coupe de ce matériau.

Le premier chapitre est consacré à un rappel bibliographique des techniques d'imagerie et de traitement d'image avec une application aux matériaux céramiques poreux et à la porosité.

Le deuxième chapitre est dédié à la description détaillée de la reconstruction tridimensionnelle au moyen du schéma du recuit simulé et à la mise au point d'un outil numérique.

Le troisième chapitre traite de la méthode numérique de Boltzmann sur réseau. Il évoque les modèles de la littérature et les conditions aux limites développées ainsi que les autres méthodes numériques de discrétisation comme les différences finies, les éléments finis et les volumes finis.

Le quatrième chapitre présente enfin les résultats obtenus pour la perméabilité et la conductivité thermique effective, comparés à ceux des études expérimentales et numériques précédentes.

Bibliographie de l'introduction générale

[1] Fadhel Ben-Ettouil, Modélisation rapide du traitement de poudres en projection par plasma d'arc. Thèse soutenue à la FST-Limoges (2008).

[2] B. Pateyron, G. Delluc, Jets&Poudres, sur http://www.unilim.fr/spcts/.

[3] F. Kassabji, B. Pateyron, J. Aubreton, M. Boulos, P. Fauchais, Conception d'un four à plasma de 0,7 MW pour la réduction des oxydes de fer. Rev. Int. des Hautes Temp. et Réfract., 18, (1981)

[4] J. Aubreton, B. Pateyron, P. Fauchais, Les fours à Plasma, Rev. Int. Hautes Temp. et Réfract., 18, 293, (1981)

[5] P. Fauchais, A. Et M. Vardelle, J.F. Coudert, B. Pateyron. State of the art in the field of plasma spraying and of extractive metallurgy with transferred arc: modelling, measurement, comparison between both, applications and developments, Pure and Applied Chemistry, 57 (9), 1171, (1985)

[6] M.F. Lerrol, B. Pateyron, G. Delluc, P. Fauchais. Etude dimensionnelle de l'arc électrique transféré utilisé en réacteur plasma. Rev. Int. Hautes Temp. et Réfract., 24, p 93-104, (1988)

[7] B. Pateyron "Code ADEP - Chimie sur Minitel" Le Journal du CNRS Mai 1992, LMCTS "ADEP-Junior" Fiche logiciel L'actualité chimique N° 3 Mai-juin 1993, Anonyme "ADEP - Thermodynamic and transport properties Data Base" Codata Newsletter November 1993

[8] B. Pateyron, G. Delluc, M.F. Elchinger, P. Fauchais Study of the behaviour of the heat conductivity and other transport properties of a simple reacting system: H2-Ar and H2-Ar-air. Dilution effect in spraying process at atmospheric pressure Journal of High Temperature Chemical Processes, Colloque, supplément au n°3, 1, p 325-332, (1992)

[9] B. Pateyron, G. Delluc, M.F. Elchinger, P. Fauchais Thermodynamic and transport properties of Ar-H2 and Ar-H2-Air plasma gases used for spraying at atmospheric pressure Plasma Chemistry Plasma Processing, Colloque, supplément au n°3, 1, p 325-332, (1992)

[10] B. Pateyron, M.F. Elchinger, G. Delluc, P. Fauchais Sound velocity in different reacting thermal plasma coatings Plasma Chemistry Plasma Processing 16 (1), p 39-57, (1996)

[11] W.L.T. Chen, J. Oberlein, E. Pfender, B. Pateyron, G. Delluc, M.F. Elchinger, P. Fauchais Thermodynamic and transport properties of argon/helium plasmas at atmospheric pressure Plasma chemistry and plasma processing, 15 (3), p 559-579, (1995)

[12] J. M. Leger, P. Fauchais, M. Grimaud, M. Vardelle, A. Vardelle, B. Pateyron. A new ternary mixture to improve the properties of plasma sprayed ceramic coatings. ITSC 92, June 1-5 Orlando, USA, (1992)

[13] P. Fauchais, J.F. Coudert, B. Pateyron, La production de plasmas thermiques. Revue Générale de Thermique, 35(416), p 543-560, (1996)

[14] G.Delluc, H. Ageorges, , B. Pateyron, , P. Fauchais, Fast modeling of plasma jet and particle behaviours in spray conditions, High Temperature Material Processes 9 (2), p 211-226, (2005)

[15] S. Dyshlovenko, L. Pawlowski, , B. Pateyron, , I. Smurov, J.H. Harding, Modèleling of plasma particle interactions and coating growth for plasma spraying of hydroxyapatite, J.H. Surface & Coatings Technology 200 (12-13), p 3757-3769, (2006).

[16] M. N. Rahaman, Ceramic Processing and Sintering, second edition, Taylor & Francis Group © 2003.

[17] Brian S. Mitchell, An Introduction To Materials Engineering And Science For Chemical And Materials Engineers, John Wiley & Sons, Inc., Hoboken, New Jersey, © 2004.

[18] J.-M. Dorvaux, O. Lavigne, M. Poulain, Y. Renollet, C. Rio, Calcul de la conductivité thermique à partir d'images de couches poreuses. Journée scientifique Barrières thermiques (ONERA 2001).

[19] Huai X., Wang W. & Li Z, Analysis of the effective thermal conductivity of fractal porous media. Appl. Th. Eng. 27 2815-2821 (2007).

[20] Wang J., Carson J., North M., & Cleland D., A new approach to modelling the effective thermal conductivity of heterogeneous materials, Int. J. Heat and Mass Trans. 49 3075-3085 (2006).

[21] Floury J., Carson J. & Tuan-Pham Q., Modelling thermal conductivity in heterogeneous Media with the Finite Element Method. Food Bioprocess Technol (2007)

[22] Naitali B., Elaboration, caractérisation et modélisation de matériaux poreux. Influence de la structure poreuse sur la conductivité thermique effective, Thèse soutenue à Limoges-France (2005).

[23] A. Koponen, M. Kataja and J. Timonen, Permeability and effective porosity of porous media, Phys. Rev. E vol 56 (1997) 3319- 3325.

[24] Yusong Li, Eugene J. LeBoeuf, P.K. Basu, Sankaran Mahadevan, Stochastic modeling of the permeability of randomly generated porous media, Advances in Water Resources 28 (2005) 835-844.

[25] M. Singh, K. K. Mohanty, Permeability of spatially correlated porous media, Chem. Eng. Sci. 55 (2000) 5393-5403.

[26] A. Maximenko, V. V. Kadet, Determination of relative permeabilities using the network models of porous media, J. Petroleum Sci. Eng. 28 (2000) 145-152.

[27] B. Wunsch and N. Chawla, Serial Sectioning for 3D Visualization and Modeling of SiC Particle Reinforced Aluminum Composites, Paper Contest Winner 2003 Undergraduate Division, Arizona State University.

[28] Y. Keehm, T. Mukerji and A. Nur, Permeability prediction from thin sections: 3D reconstruction and lattice-Boltzmann flow simulation.

[29] I. Tiseanu, T. Craciunescu, B. N. Mandache, Non-destructive analysis of miniaturized fusion materials samples and irradiation capsules by X-ray micro-tomography, fus. Eng. And Des. (2005).

[30] A. Sakellariou, T.J. Sawkins, T.J. Senden, A. Limaye, X-ray tomography for mesoscale physics applications, physica A 339 (2004) 152-158.

[31] C. L. Y. Yeong and S. Torquato, Reconstructing random media, Phys. Rev. E Vol. 57 (1998) 495-506.

[32] C. L. Y. Yeong and S. Torquato, Reconstructing random media II. Three-dimensional media from two-dimensional cuts, Phys. Rev. E Vol. 58 (1998) 224-233.

[33] S. Torquato, Random Heterogeneous Materials : Microstructure and Microscopic Properties (Springer-Verlag, New York, 2002).

[34] Logiciel ABAQUS http://www.simulia.com/products/abaqus_fea.html.

[35] Logiciel FLUENT www.fluent.fr..

[36] OOF : Finite Element Modeling for Materials Science. Téléchargeable librement à partir du site http://www.nist.gov/msel/ctcms/oof/ .

[37 COMSOL Multiphysics 3.5.a Package: Earth Science Module. Model Library.

[38] Identification des modèles et de paramètres pour la méthode de Boltzmann sur réseau. Thèse soutenue à l'université de Paris sud (2007).

[39] S. Succi, The Lattice Boltzmann Equation for Fluid Dynamics and Beyond. Oxford Science Publications (2001).

[40] M. C. Sukop et D. T. Thorne, Lattice Boltzmann Modeling. An Introduction for Geoscientists and Engineers. Springer Publications (2006).

[41] S. Chen and G. Doolen, Lattice Boltzmann Method for Fluid Flow. Annu. Rev. Fluid Mech. (1998) 30, 29-64.

[42] Li-Shi Luo, Lattice-Gas Automata and Lattice Boltzmann Equations for Two-Dimensional Hydrodynamics. Phd thesis, Georgia Institute of Technology (1993).

[43] Raed Bourisli, Cellular Automata Methods in Fluid Flow: An Investigation of the Lattice Gas Method and the Lattice Boltzmann Method. Final report, Belgique (2003).

I. Microstructure d'un matériau céramique poreux et son imagerie

I.1. Introduction

L'efficacité et le rendement de certaines applications techniques avancées (la filtration, les catalyseurs, les barrières thermiques,...) sont fortement liés aux propriétés de transport et ces propriétés physiques sont fonction de la microstructure du matériau de base. Si le comportement d'un matériau est régi par sa microstructure [1], il est nécessaire d'établir le lien entre la microstructure et les propriétés d'un matériau pour comprendre et prédire son comportement.

La perméabilité ainsi que la conductivité thermique d'un milieu poreux dépendent fortement de la porosité et la distribution des pores dans la phase continue (ici la phase solide), en conséquence, l'observation visuelle du milieu poreux est très importante et précède l'analyse quantitative.

A ce jour, les différentes techniques d'imagerie, notamment la microscopie électronique à balayage (MEB) [2] et la microscopie optique (MO) [3], permettent d'obtenir des images numériques bidimensionnelles qui décrivent la microstructure d'un matériau. Ces images sont stockées soit sous forme matricielles [4], où chaque image est discrétisée et représentée par un tableau de points en deux dimensions et où chaque point réfère à une phase ou un constituant, soit sous forme vectorielle [5]. Dans ce chapitre l'objet de notre intérêt est le traitement et l'analyse des images matricielles.

La représentation bidimensionnelle de microstructures est commune et donne une certaine idée de la morphologie de microstructure, puisqu'elle contient toute l'information sur celle-ci, mais elle ne permet pas une appréhension immédiate de la structure tridimensionnelle du matériau. Par conséquent, une technique d'explicitation tridimensionnelle de la microstructure doit être utilisée afin de la visualiser et de donner pleinement accès à celle-ci.

Dans ce chapitre, nous abordons les matériaux hétérogènes et plus précisément les matériaux poreux et les techniques d'imagerie de caractérisation, puis nous traiterons de l'imagerie et des principes de traitement d'image.

I.2. Matériaux poreux

I.2.1. Définition

Un matériau hétérogène est un matériau composé de domaines ou phases, soit de différentes natures soit d'un même matériau en différents états [6, 7]. Les matériaux hétérogènes sont les plus fréquemment rencontrés dans la nature. Citons à titre d'exemples les matériaux composites, les matériaux poreux et les sables, les roches, les grès (en anglais *sandstones*), les matériaux granulaires, les gels, les mousses, et la plupart des matériaux céramiques. La Figure I–1 présente des exemples de la microstructure de quelques matériaux poreux. Ces matériaux révèlent des propriétés intéressantes dues à leur microstructure complexe.

La microstructure de ces matériaux peut être caractérisée statistiquement, comme le montre le chapitre suivant, au moyen de fonctions de corrélations n-points [8] et par des mesures expérimentales directes.

I.2.2. Porosité

La porosité, et plus généralement la fraction volumique d'une phase, peut être définie comme le rapport entre le volume non occupé par la matière et le volume total, voir Figure I–2. Cette définition se traduit par la relation :

$$\phi = \frac{V_P}{V_T} = 1 - \frac{V_S}{V_T} \qquad \text{(Eq. I-1)}$$

où ϕ est la porosité, V_P le volume des pores, V_S le volume occupé par le solide et V_T le volume total du domaine d'intérêt.

(a) composites mullite/alumine et zircone   (b) apatites

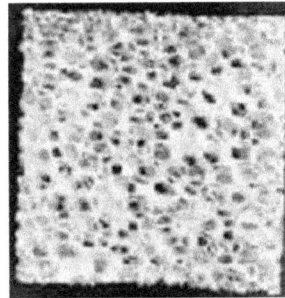

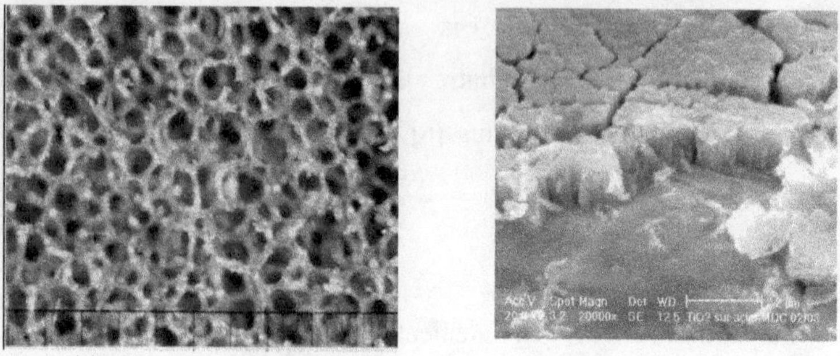

(c) mousse métallique

(d) dépôt poreux et fissuré

Figure I–1 : Différents exemples des structures poreuses : (a) composites mullite/alumine et zircone (référence [9]) ; (b) apatites ; (c) mousses métalliques ; (d) dépôt poreux par projection plasma (référence [10]).

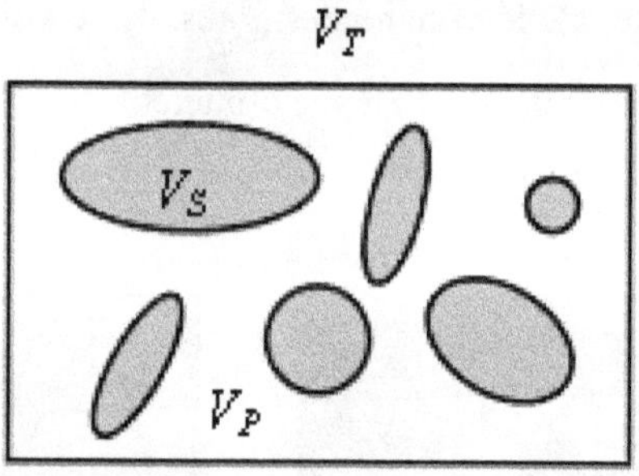

Figure I–2 : Matériau poreux à deux phases : phase solide (volume V_S) et phase de pores (volume V_P).

Cette définition décrit la porosité totale qui diffère de la porosité ouverte, cette dernière est définie par les pores joints et connectés à l'extérieur de l'échantillon et qui constituent un passage libre pour un fluide. Alors que la porosité bidimensionnelle représente le rapport entre l'aire des pores et l'aire totale d'une coupe.

La méthode la plus usuelle lors de la quantification de la porosité consiste à peser un échantillon (en kilogramme) à l'aide d'une balance et à mesurer son volume (en m^3). La masse volumique réelle ρ' se calcule alors à partir de ces mesures. La porosité, alors, est le rapport entre cette valeur résultante et la valeur théorique de la masse volumique du matériau solide :

$$\phi = \frac{\rho'}{\rho} \qquad\qquad \text{(Eq. I-2)}$$

Le séchage de l'échantillon avant de le peser est recommandé pour libérer l'humidité des pores, ainsi trouver une valeur plus nette de ρ'.

De façon générale, dans un milieu digitalisé, comme décrit par la suite, la porosité d'un milieu bi-phasique est calculée par le rapport du nombre des *pixels* (*voxels*) qui correspondent à la phase des pores divisé par le nombre total des *pixels* (*voxels*) du milieu concerné.

I.3. Techniques d'imagerie

Les images des matériaux étudiés sont en général obtenues à l'aide d'un microscope. Il existe de multiples types de microscope en fonction de la source d'éclairage et de la méthode d'obtention de l'image. Tableau I–1 résume ces types [11].

La microscopie électronique à balayage (MEB) (en anglais *Scanning Electron Microscopy*) est une technique de microscopie électronique fondée sur le principe des interactions électrons-matière, capable de produire des images en haute résolution de la surface d'un échantillon. Cette technique, considérée comme un essai non destructif, consiste à explorer la surface de l'échantillon [12], ce qui permet d'obtenir des images qui représentent la structure de la surface du matériau étudié. Ces images bidimensionnelles sont interprétables de différentes manières selon les informations désirées.

Tableau I–1 : Différentes familles de microscopes.

Type	Variétés
Microscopes optiques	Microscope optique à champ large ; Microscope confocal (éventuellement à balayage laser) ; Microscope à contraste de phase ; Microscope de fluorescence par réflexion totale interne ; Stéréo microscope ; Microscope 3D à déconvolution.
Microscopes électroniques	Microscope électronique ; Microscope électronique en transmission (MET) ; Microscope électronique à balayage (MEB) ; Microscope électronique à balayage par transmission (MEBT) ; Microscope électronique par réflexion.
Microscopes à sonde locale	Microscope à force atomique ; Microscope optique en champ proche ; Microscope à effet tunnel.
Microscopes ioniques	Spectrométrie de masse à ionisation secondaire (SIMS) ; Sonde atomique tomographique ; Sonde nucléaire (PIXE).

I.4. Imagerie et traitement d'images

I.4.1. Définition d'une image numérique

Le terme d'image numérique recouvre toute image acquise (par scanner, appareil photo, ...), créée directement par des programmes informatiques, traitée, stockée sous forme de valeurs numériques.

Le traitement d'image est une opération qui obtient une image corrigée à partir d'une image brute. Cette opération ne doit être confondu avec l'analyse d'image [13] qui extrait des valeurs numériques d'une image et réduit les données nécessaires au stockage de l'image originale. Le traitement produit habituellement une autre image aussi grande que l'originale mais dans laquelle les valeurs des pixels (intensité ou couleur) sont modifiées.

Ici, le traitement des images est une étape indispensable avant d'analyser les différentes informations contenues dans les images. En fait ce traitement a deux objectifs :

- Améliorer la qualité de l'image et la rendre "lisible"
- Préparer à l'analyse : segmentation

L'analyse permet l'extraction d'informations de l'image. La Figure I–3 montre le chemin suivi afin de réaliser l'analyse d'une image exploitable.

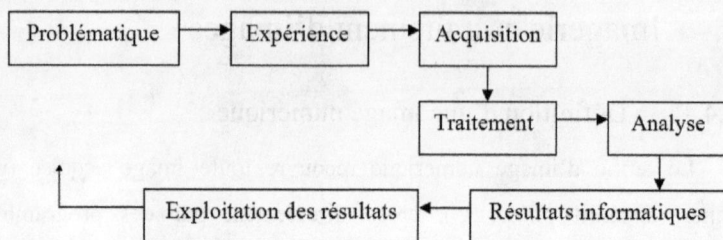

Figure I–3 : Chemin suivi lors de l'obtention d'une image de structure exploitable.

La forme la plus simple pour décrire une image exploitable est de définir un tableau de L lignes et C colonnes. Alors, il est possible d'écrire :

$$I : [0, L-1] \times [0, C-1] \rightarrow [0, M]^p \qquad \text{(Eq. I-3)}$$

où, I est une image, p est le nombre de couches de l'image et M est la valeur de couleur. Pour une image binaire : $(p, M) = (1, 1)$, une image en niveau de gris : $(p, M) = (1, 255)$ et une image en couleurs : $(p, M) = (3, 255)$.

I.4.2. Types d'image

On distingue deux types principaux d'images dans l'espace bidimensionnel [14] :

1. **Les images matricielles** : Elles sont composées comme leur nom l'indique d'une matrice de points à plusieurs dimensions, chaque dimension représentant une dimension spatiale. Dans le cas des images à deux dimensions (le plus courant), les points sont appelés *pixels* ; Figure I–4. Chaque *pixel*, correspond en réalité à une dimension déterminée par la résolution du moyen d'acquisition de l'image.

132	132	140	140	132	132	115	107	107	99	99	107
123	148	156	165	148	132	115	99	99	85	85	90
189	181	181	181	165	140	115	99	90	90	85	99
206	206	198	198	173	156	132	115	99	99	107	99
222	222	214	206	189	173	156	132	115	99	99	99
231	231	214	206	189	181	173	148	132	123	115	115
231	231	222	206	198	198	189	165	148	132	123	123

Figure I–4 : Représentation d'une image matricielle de 12x7 *pixels* (de haut en bas et de gauche à droite). La valeur de chaque *pixel* est comprise entre 0 et 255 (encodage niveau de gris).

2. **Les images vectorielles** : le principe est de représenter les données de l'image par des formules géométriques qui peuvent être décrites d'un point de vue mathématique. Cela signifie qu'au lieu de mémoriser une mosaïque de points élémentaires, c'est la succession d'opérations conduisant au tracé qui est stockée. L'avantage de ce type d'image est, outre son faible encombrement, la possibilité de l'agrandir indéfiniment sans perdre la qualité initiale.

Dans cette thèse, seules les images matricielles sont considérées.

I.4.3. Formats d'image

Un format d'image est une représentation informatique de l'image, associée à des informations sur la façon dont l'image est codée et fournissant éventuellement des indications sur la manière de la décoder et de la manipuler [14].

Les images que nous étudions sont celles que l'on obtient par microscopie électronique à balayage. Ces images sont de format *TIFF* (**T**agged **I**mage **F**ile **F**ormat) [15], et leur traitement est indispensable. Une image exploitable est une image binaire dans laquelle on n'a que deux couleurs : la blanche et la noire. Cette image est, le plus souvent, au format *BMP* (**B**it**M**ap **P**icture).

Le lecteur trouvera une définition de ces deux formats en Annexe II.

I.4.4.   Traitement d'image

De nombreux logiciels de traitement d'images numériques ont été développés et répondent parfaitement à notre besoin qui est celui d'un code capable de rendre interprétable de façon quantitative et exploitable par un code de calcul numérique, une image numérique de structure, poreuse dans notre cas d'étude, obtenue par microscope électronique ou optique.

Le traitement d'image vise :

- Soit à modifier l'image pour la rendre claire et sans défauts : dans ce cas sont appliquées les fonctions communes (filtrage, contours, contraste, clarté,…).

- Soit d'extraire des informations qu'elle contient : dans le cas d'un matériau poreux elle peut donner une évaluation de la taille des pores, la profondeur, leur répartition, et de leur connexion. Dans ce cas les fonctions spécialisées sont utilisées.

Le lecteur est renvoyé à l'Annexe III consacrée au traitement d'images et aux fonctions appliquées.

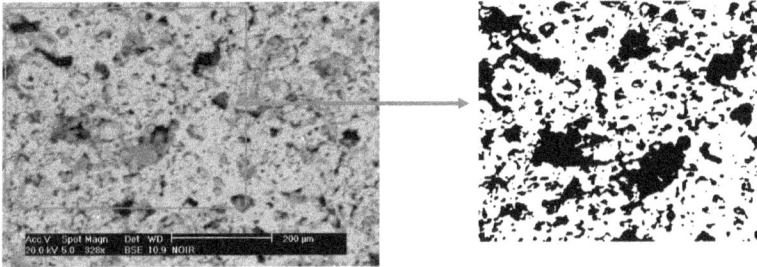

Figure I–5 : (a) Image MEB de microstructure et (b) image binaire résultante de l'application de la segmentation. Les pores sont les pixels noirs.

Le terme d'image binaire signifie que l'image est définie par deux couleurs qui sont souvent le noir et le blanc. Cette définition de l'image permet son exploitation directe par un code de calcul puisque les deux phases (solide et pores) sont distinguées par l'une des deux couleurs, Figure I–5.

La maîtrise du traitement d'image nécessite une connaissance supplémentaire des différents termes de ce domaine. Pour notre intérêt, trois étapes nécessaires sont:

- Transformer l'image obtenue par la technique MEB en format BMP.
- Appliquer la fonction seuil (en anglais *threshold*).
- Stoker l'image résultante dans un fichier sous forme d'une matrice pour une application ultérieure.

I.5. Conclusion du chapitre

Dans le cadre de ce chapitre sont présentées des généralités sur les matériaux hétérogènes et plus particulièrement les matériaux poreux. La porosité est définie et la microscopie électronique à balayage (MEB) est présentée comme technique d'imagerie pour l'obtention des images de la microstructure de ces matériaux. L'image résultante de MEB est traitée de manière à distinguer les différents constituants et phases du matériau étudié. Ce traitement est indispensable pour rendre l'image exploitable lors d'une procédure de reconstruction tridimensionnelle ou lors d'un calcul directe par simulation d'une propriété physique.

Bibliographie du chapitre I

[1] Brian S. Mitchell, An Introduction To Materials Engineering And Science For Chemical And Materials Engineers, John Wiley & Sons, Inc., Hoboken, New Jersey, © 2004.

[2] http://fr.wikipedia.org/wiki/Microscopie_%C3%A9lectronique_%C3%A0_balayage

[3] http://fr.wikipedia.org/wiki/Microscopie_optique.

[4] http://fr.wikipedia.org/wiki/Image_matricielle.

[5] http://fr.wikipedia.org/wiki/Image_vectorielle.

[6] Hans-Peter Degischer et Brigitte Kriszt, HandBook of cellular metals : Production, Processing, Applications. Wiley-VCH © 2002.

[7] M. N. Rahaman, Ceramic Processing and Sintering, second edition, Taylor & Francis Group © 2003.

[8] S. Torquato, Random Heterogeneous Materials : Microstructure and Microscopic Properties (Springer-Verlag, New York, 2002).

[9] Ahmed Esharghawi, Élaboration de matériaux poreux à base de mullite par procédé SHS. Thèse soutenue le 29 octobre 2009, SPCTS Limoges.

[10] Laboratoire SPCTS www.unilim.fr/spcts/ .

[11] http://fr.wikipedia.org/wiki/Microscope.

[12] La microscopie électronique à balayage, Alain Duval et Anne Bouquillon www.culture.gouv.fr/culture.

[13] John C. Russ, Robert T. Dehoff, Practical Stereology 2nd edition. *Plenum Press, New York, NY ISBN 0-306-46476-4.*

[14] http://fr.wikipedia.org/wiki/Image_num%C3%A9rique.

[15] http://www.adobe.com/Support/TechNotes.html. TIFF Revision6. © *Adobe Systems Incorporated*, june 1992.

Chapitre I : Microstructure d'un matériau céramique poreux et son imagerie

II. Reconstruction stochastique par algorithme du recuit simulé (RS)

II.1. Reconstruction tridimensionnelle

II.1.1. Introduction à la reconstruction tridimensionnelle

L'idée de la reconstruction tridimensionnelle est issue d'un besoin justifié par la croissance du marché des matériaux et est soutenue par l'avancement et le développement rapide des techniques d'imagerie et de l'informatique. Ce mode de présentation d'un matériau ou d'un objet en 3D permet aux chercheurs de travailler sur différents aspects de traitement pour obtenir des image nettes relatives à leur domaine d'intérêt.

L'évaluation de la vraisemblance de la reconstruction revêt une grande importance dans le domaine de génie pétrolier, de la biologie ainsi que du génie des matériaux [1]. Une procédure de reconstruction effective permet d'obtenir des échantillons représentatifs du matériau étudié dont il est possible d'analyser les structures et d'évaluer les propriétés macroscopiques. C'est un moyen non-destructif d'estimation de ces propriétés.

Quelle que soit la technique utilisée, quatre étapes sont nécessaires à la reconstruction, ce sont :

1. L'obtention d'une image de structure ; cette image est bidimensionnelle.

2. Le traitement et l'analyse de cette image.

3. Le choix d'une méthode ou technique de reconstruction.

4. La vérification de l'efficacité de la méthode de reconstruction par l'étude qualitative de la structure tridimensionnelle obtenue par l'étape précédente.

Différentes techniques sont utilisées pour passer d'une image bidimensionnelle à une image tridimensionnelle. Citons : la technique tomographie [2, 3], la reconstruction à partir des coupes en séries successives [4, 5, 6, 7, 8, 9] où à partir des modèles fondés sur des géométries connues [10, 11, 12, 13], et enfin les méthodes de reconstruction stochastique [14], mot clé dans cette thèse, qui sont présentées de façon détaillée dans ce chapitre. Signalons ici qu'il existe d'autres méthodes de reconstruction, ainsi la reconstruction par transformation en ondelettes et la reconstruction à partir de spectre de Fourrier. Cependant ces deux méthodes ne permettent pas de remonter à une structure 3D avec une morphologie imposée [15].

II.1.2. Technique de la tomographie

La tomographie est une technique très utilisée en imagerie médicale, en géophysique et en astrophysique. Cette technique permet de reconstruire le volume d'un objet à partir d'une série de mesures effectuées par tranches successives depuis l'extérieur de cet objet [16]. Dans une version haute résolution, elle est de plus en plus utilisée en sciences des matériaux.

Les principales techniques tomographiques sont :

• l'imagerie par résonance magnétique nucléaire (IRM).

• la tomographie axiale calculée aux rayons X (scanner ou CT).

- la tomographie en cohérence optique (OCT).
- la tomographie à émission de positon (TEP).
- la tomographie à émission mono-photonique (SPECT, pour « *single photon emission computed tomography* »)
- le microscope à effet de champ est parfois appelé sonde tomographique atomique.

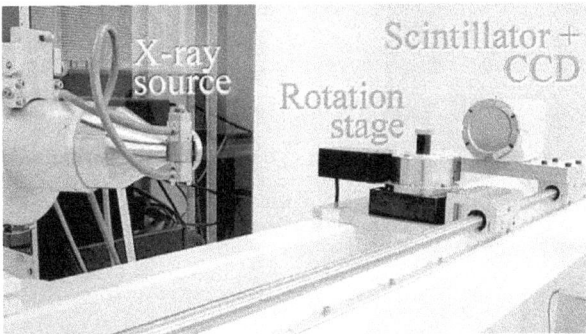

Figure II–1 : Photo d'appareil de tomographie à rayon-X. [3].

- la tomographie électronique permet d'obtenir une représentation tridimensionnelle d'un objet avec une résolution de quelques nanomètres à l'aide d'un microscope électronique en transmission spécialement équipé.
- la tomographie sismique, qui permet reconstruire des structures géologiques grâce à partir de la propagation des ondes sismiques.
- l'imagerie Zeeman-Doppler, utilisée en astrophysique pour cartographier le champ magnétique de surface des étoiles.
- La tomographie et l'imagerie 3D appliquées à la paléoanthropologie, permettent d'étudier les structures internes des

hominidés fossiles et de compenser les altérations subis au cours de la fossilisation.

La tomographie, à rayons X ou à neutrons, est un essai non destructif pour l'analyse de structure à 3D totalement cachée. La Figure II–1 présente un exemple d'un tel appareillage [3]. Grâce à sa capacité de pénétration, cette technique peut fournir des informations sur la variation de masse spécifique, la microfissuration et même la perméabilité de matériaux poreux [2].

Cette méthode nécessite de produire dans un premier temps les données, constituant le "*tomogramme*", et représentant la structure en 3D ainsi que la variation de la composition de l'échantillon. Chaque point dans ce « *tomogramme* » est nommé *voxel* pour *pixel* volumique. Un faisceau de rayons-X traverse l'échantillon et une caméra enregistre les « *radiographes* ». Des séries de « *radiographes* » sont collectées aux angles différents, de l'échantillon en rotation. Les « *radiographes* » sont traitées par un algorithme de reconstruction pour produire le « *tomogramme* ». Un exemple de la structure résultante est donné en Figure II–2.

La possibilité d'obtenir directement une image 3D de haute résolution est limitée par le coût très élevé justifié par l'utilisation d'installations techniques complexes et par le traitement de résultats issus des mesures. Le SPCTS ne dispose pas de telles installations.

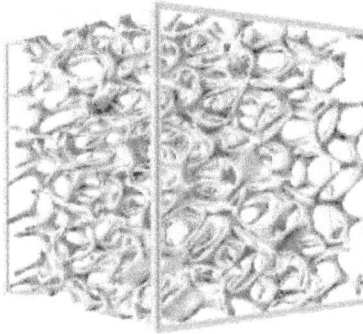

Figure II–2 : Image tridimensionnelle de mousse d'aluminium, résultante de l'imagerie tomographie présentée en Figure II-1. Taille de l'échantillon 500 μm.(référence [3]).

II.1.3. Reconstruction à l'aide de séries de coupes successives

Cette voie permet la quantification de microstructures 3D à l'aide des techniques classiques de la métallographie couplées avec la reconstruction assistée par l'ordinateur [4].

Le schéma général de cette technique se résume en quatre étapes répétitives :

1. Marquer l'échantillon par indentation, *Vickers* de préférence (voir Figure II–3 pour la géométrie), de façon à ce que la tache soit apparente lors de passage à la technique d'imagerie (par exemple, MEB), Figure II–4, plusieurs indentations sont nécessaires pour définir une région exploitable.

2. polir l'échantillon.

3. L'obtention de l'image : cette image est traitée, segmentée pour obtenir une image binaire et stockée avec un nombre référent pour la reconstruction ultérieure.

4. Mesurer l'épaisseur enlevée lors de l'étape 2 et recommencer le polissage.

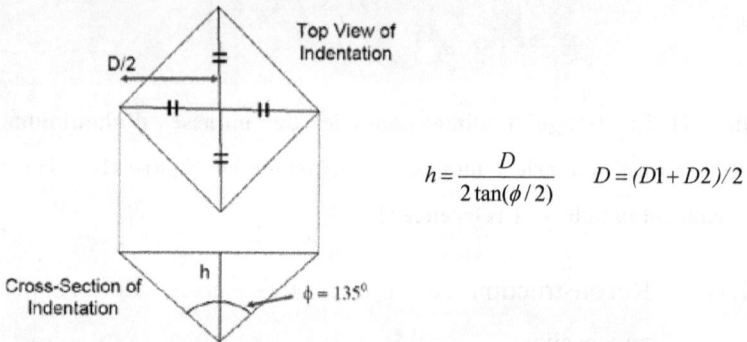

$$h = \frac{D}{2\tan(\phi/2)} \qquad D = (D1 + D2)/2$$

Figure II–3 : Géométrie de la tache de l'indenter Vickers [4].

L'analyse et le traitement d'image sont appliqués aux images successivement acquises notamment la segmentation. Puis, à l'aide d'un logiciel spécialisé un domaine 3D est reconstruit.

Cette méthode de reconstruction nécessite des équipements lourds et elle n'est pas très aisée car elle impose une exécution soignée du polissage, de l'acquisition d'images MEB et du traitement des séries d'images obtenues.

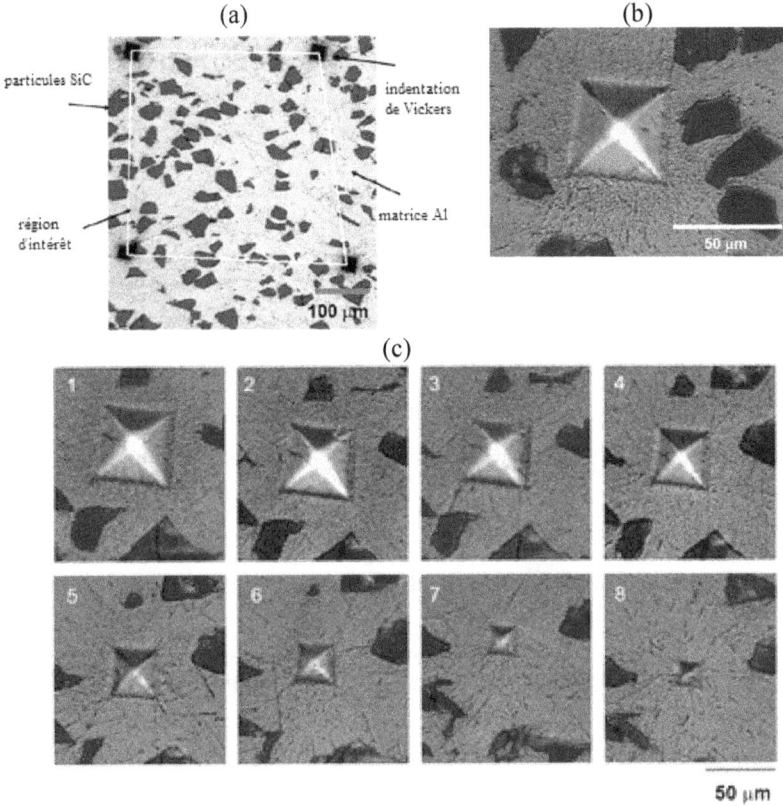

Figure II–4 : Présentation schématique de la reconstruction de composite Al-SiC à partir de coupes successives en séries. (a) Indentation, (b) micrographe de l'indentation de *Vickers* et (c) progrès de l'acquisition-polissage. (référence [4].)

II.1.4. Modèles de géométries représentatives : les sphères empilées

La plupart du temps, et pour un milieu granulaire avec des particules très petites de l'ordre de quelques micromètres, ces granules ou particules sont représentées comme de petites sphères. En fonction de la distribution de taille de ces sphères il s'agit d'une distribution monomodale, bimodale et multimodale ainsi qu'un modèle avec une distribution spécifique de taille des particules.

II.1.4.1. Modèle de particules monomodales

Dans ce modèle, toutes les particules sont de même taille. Du point de vue cristallinité [10], il est possible d'imaginer les particules distribuées, selon un système cubique, selon les sommets de ce cube (modèle primitif), ou bien les sommets et le centre du cube (modèle centré) ou encore les sommets et les centres des faces du cube (modèle à faces centrées). Les structures résultantes ont des taux de porosité connus présenté en Tableau II–1.

Tableau II–1 : Taux de porosité des modèles cristallographie (la taille du cube est l'unité).

Modèle	Fraction solide	Porosité
primitif	0.52	0.48
centré	0.68	0.32
faces centrées	0.74	0.26

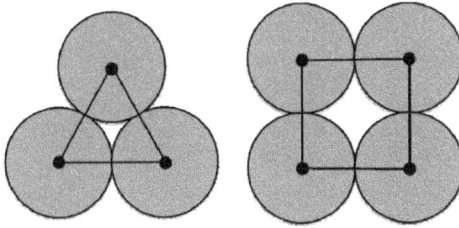

Figure II–5 : Empilements (a) triangulaire et (b) carré de particules sphériques de même taille [11].

Il est aussi possible de parler, selon la distribution des sphères, d'un empilement triangulaire ou carré [11]. Dans le cas d'un empilement triangulaire, trois billes en contact forment avec leurs centres de gravité un triangle équilatéral (un prisme en 3D) comme la montre Figure II–5.

II.1.4.2.   Modèle de particules de distribution aléatoire de tailles

L'empilement aléatoire de particules sphériques dures peut servir de modèle utile à de nombreux systèmes physiques et techniques, telles que les microstructures des liquides simples, les suspensions concentrées, les matériaux amorphes, les composants en céramique préparée par compactage de poudres, et poreux matériaux [13, 17]. La structure de l'empilement, qui influe sur les propriétés mécaniques, électriques et thermiques de ces matériaux, peut être caractérisée par plusieurs paramètres, tels que la densité d'empilement, le nombre de coordination, et la fonction de distribution radiale.

Il est possible d'augmenter la compacité des empilements en intégrant dans les espaces pores des billes plus petites, il est parlé d'un empilement bimodal, trimodal, etc.

Trois étapes sont nécessaires pour générer une telle structure, [12] :

1. La génération de position initiale et de taille de particules selon une distribution log-normale.
2. La relaxation des chevauchements.
3. La dilatation de l'espace d'emballage.

Pour les particules qui suivent une distribution log-normal, la fonction de probabilité du rayon de la particule r est donnée par l'expression :

$$f(r) = \frac{1}{\sqrt{2\pi}\sigma r} e^{-(\ln r - \ln r_0)^2 / 2\sigma^2}$$ (Eq. II-1)

où, $\ln r_0$ and σ sont le moyen et la déviation standard de la fonction de la distribution log-normal. Dans le cas où le rayon moyen des particules est normalisé à la valeur 1, $\ln r_0$ est nulle. La Figure II–6 présente un exemple du compactage de 150 particules de différentes tailles contrôlée par $\sigma = 0.1$ et une valeur normalisée de $r_0 = 1$ dans un cube de façon d'avoir une porosité de 15%.

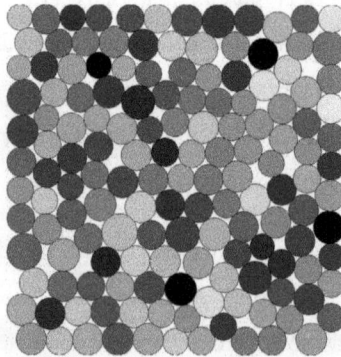

Figure II–6 : Construction d'empilement de billes avec une distribution de taille. Nombre de sphères = 150, $\phi = 0.15$, $\sigma = 0.1$ et $r_0 = 1$.

Ces modèles sont fondés sur des relations empiriques et leur application est très limitée.

II.1.5. Reconstruction stochastique

Une procédure de reconstruction simple est fondée sur l'utilisation du champ Gaussien aléatoire [14]. Torquato et ces collaborateurs ont exploité une technique itérative de reconstruction stochastique [15, 18, 19], jusqu'à l'obtention d'une configuration dans laquelle les fonctions de corrélation calculées sont le plus proches possibles de celles de référence. Ce qui est obtenu par une technique de minimisation stochastique qui, dans cette étude, est la méthode du recuit simulé (RS).

La procédure générale de cette méthode de reconstruction se résume en quatre étapes :

1. L'obtention de l'image bidimensionnelle de référence : cette image doit contenir les différentes phases (constituants) du matériau qui doivent apparaître de façon distincte dans cette image. Dans le cas de la reconstruction de la phase des pores d'un matériau poreux il s'agit d'une image binaire

2. l'extraction des informations morphologiques à l'aide des corrélations statistiques (par exemple, 1-point, 2-points, etc.) comme décrit ci-après.

3. La génération d'une structure tridimensionnelle aléatoire.

4. L'application d'une approche itérative qui, dans cette thèse, est l'algorithme du recuit simulé.

5. L'obtention de la structure 3D : cette structure est, du point de vue statistique équivalente à la structure réelle du matériau étudié.

La suite de ce chapitre est consacrée à la description d'un algorithme de reconstruction stochastique dans le schéma du recuit simulé. Alors une structure 3D est obtenue à partir d'une image représentative bidimensionnelle en utilisant les informations statistiques, comme la fraction volumique et la fonction de corrélation 2-points, mesurées par l'analyse de l'image modèle.

II.2. Introduction à la reconstruction stochastique

Le schéma de minimisation du recuit simulé RS (en anglais *Simulated Annealing*) est proposé pour la résolution de problèmes d'optimisation [20]. Il s'applique à une grande variété de problèmes dont celui dit "du voyageur de commerce" (en anglais *Travelling Salesman Problem*) est le plus connu [14, 21] et pour laquelle il a prouvé son efficacité. Ce schéma est aussi appliqué dans le domaine de l'analyse d'informations telles que celles de la météo, mais principalement en traitement d'image [22]. Le terme « recuit » fait allusion au traitement thermique correspond à un réchauffement suivi d'un refroidissement lent.

La méthode du recuit simulé est datée de 1953 quand Nicolas Metropolis [23] s'inspire du comportement du métal qui au recuit s'agence selon une structure d'énergie minimale. Quiblier [24] avait proposé de reconstruire un milieu poreux en 3D avec une méthode fondée sur un filtre Gaussien. J. Sallès et al. [25] ont essayé de reconstruire des représentations réalistes d'un milieu poreux au moyen d'une méthode de reconstruction fondée sur la reproduction de la porosité et des fonctions extraites de corrélation des couches en coupe bidimensionnelle. Leur but était d'étudier les processus de transport dans ces milieux reconstruits. En 1997, la méthode du recuit simulé a été utilisée par Hazlett [26] dans le projet de reconstruire un milieu bi-phasique (poreux). A cette même date se trouve plusieurs propositions de reconstruction stochastique tridimensionnelle à partir d'image de structure bidimensionnelle [15, 18, 19, 27, 28, 29, 30, 31, 32, 33, 34].

La méthode du recuit simulé suppose l'évolution d'une grandeur dite « température ». A chaque itération ou étape de calcul, une solution, choisie de manière aléatoire dans l'espace de calcul, est acceptée inconditionnellement et remplace la solution courante si elle conduit à une plus faible en énergie, sinon elle est soumise à un tirage aléatoire dont la probabilité de succès est liée à la différence d'énergie entre les deux solutions.

Le principe de l'algorithme du recuit simulé, comme le proposent Yeong et Torquato [15, 18], est la recherche d'un état d'énergie minimum parmi d'autres minima locaux par l'échange de *voxels* de différentes phases dans le système digitalisé. Ils introduisent une technique d'optimisation stochastique qui permet de générer des structures hétérogènes à partir de l'ensemble de fonctions statistiques prescrites. Les points forts ce schéma sont les suivants :

1. Une programmation simple.
2. Un schéma général applicable à toutes les structures : multidimensionnelles, multiphasiques et anisotropes.
3. La facilité de prise en compte d'autres fonctions statistiques morphologiques.
4. La possibilité de reconstruire directement un milieu 3D à partir de fonctions morphologiques arbitraire, sans se préoccuper de la réalité physique de la structure.

L'avantage principal de l'algorithme du recuit simulé aléatoire, est de permettre de construire une solution « optimale » en minimisant une fonction d'énergie, appelée aussi fonction du coût ou fonction d'objectif. Il a l'inconvénient d'une convergence lente.

La structure tridimensionnelle est constituée d'un réseau ou grille de sites, appelés aussi nœuds ou *voxels*, à chacun desquels est attribué une valeur qui représente l'état de ce site.

Dans les paragraphes suivantes nous définissons les concepts élémentaires qui servent à établir les informations morphologiques, notamment les différents modes de corrélation *n*-points et la fonction du chemin linéaire. Un paragraphe est consacré à la description de la procédure de minimisation par le schéma du recuit simulé et l'explication de différentes étapes de l'algorithme de la reconstruction. Sont ensuite exposés des exemples de reconstruction de structures de l'ordre à longue et à courte distance. La conclusion donne un aperçu des avantages et des inconvénients de cette méthode d'optimisation ainsi que sur les perspectives d'emploi.

II.3. Concepts morphologiques élémentaires

Dans la littérature se trouvent plusieurs types de descripteurs statistiques qui peuvent être choisis comme fonction de référence [1], toutefois le travail présenté ci-après se limite à l'usage de la fonction de corrélation 2-points et à la fonction du chemin linéaire. Ces deux sources d'informations morphologiques sont assez simples d'utilisation et elles contiennent suffisamment d'informations sur la structure pour l'usage que nous envisageons.

II.3.1. Fonction de corrélation 1-point

Dans un milieu binaire bi-phasique d'une taille totale V_{tot} dans lequel la phase **A** occupe une fraction ϕ_A de ce volume alors que la phase **B** occupe la fraction complémentaire ϕ_B de façon que $\phi_A + \phi_B = 1$, la fonction de corrélation 1-point (connue aussi comme la fonction de phase ou la fonction indicateur) est définie comme :

$$Z(\vec{r}) = \begin{cases} 1, & \vec{r} \in V_{ref} \\ 0, & \vec{r} \notin V_{ref} \end{cases} \qquad \text{(Eq. II-2)}$$

qui indique si le point (qui est un vecteur) $\vec{r}$ appartient ou non à la phase de référence dont la taille est $V_{ref} = \phi_{ref}.V_{tot}$. La valeur de cette fonction donne la fraction volumique de la phase :

$$S_1^{(i)} = \left\langle Z^{(i)}(\vec{r}) \right\rangle = \phi_i \qquad \text{(Eq. II-3)}$$

qui représente la probabilité de trouver un point, choisi aléatoirement, en phase i. Cette fonction donne la valeur de la porosité ϕ quand l'une des phases est gazeuse. Cette fonction est d'application simple. Il suffit, pour l'estimer dans un milieu binaire, de compter les *pixels* (*voxels* en 3D) qui appartiennent à une phase de référence et puis diviser ce nombre par le nombre total de pixels du domaine d'intérêt.

II.3.2. Fonction de corrélation 2-points

Dans une structure quelconque qui se compose de deux phases, la fonction de corrélation 2-points $S(\vec{r}_1, \vec{r}_2)$ est définie comme la probabilité de trouver les deux points $\vec{r}_1, \vec{r}_2$ dans la même phase :

$$S_2^{(i)}(\vec{r}_1, \vec{r}_2) = \left\langle Z^{(i)}(\vec{r}_1).Z^{(i)}(\vec{r}_2) \right\rangle \qquad \text{(Eq. II-4)}$$

Cette fonction dépend seulement du vecteur $\vec{R} = \vec{r}_1 - \vec{r}_2$ dans un milieu isotrope:

$$S_2^{(i)}(\vec{R}) = \langle Z^{(i)}(\vec{r}_1).Z^{(i)}(\vec{r}_1 + \vec{R}) \rangle \qquad \text{(Eq. II-5)}$$

La distance $\vec{R}$ se mesure en *pixel*s ce qui signifie que cette distance a une valeur entière.

Pour une phase donnée, deux propriétés importantes de cette fonction sont :

1. $S_2(0) = \phi$,
2. $\lim S_2(R)_{R \to \infty} = \phi^2$, en l'absence d'ordre à longue distance.

La fonction de corrélation de la deuxième phase est reliée à celle de la première phase par la relation :

$$S_2^{(2)}(R) = S_2^{(1)}(R) - 2\phi_1 + 1 \qquad \text{(Eq. II-6)}$$

La fonction de corrélation microstructurale 2-points est un descripteur statistique efficace de caractérisation d'une structure hétérogène. Cette fonction contient les informations quantitatives relatives aux propriétés microstructurales comme les fractions volumiques des phases constituantes, la connectivité des phases et l'anisotropie morphologique. Elle convient bien pour résumer des microstructures réalistes. La Figure II–7 donne un exemple de la fonction de corrélation 2-points.

Pour une image binaire bidimensionnelle, Jiao et al. [35] ont écrit la fonction de corrélation 2-point sous forme de l'équation :

$$S(x,y) = \sum_{i=1}^{M} \sum_{j=1}^{N} \frac{I(i,j) * I(i+x, j+y)}{M * N}$$ (Eq. II-7)

d'où $M * N$ représente la taille de l'image, $I(i,j)$ est un entier qui prend une des deux valeurs : soit 0 soit 1.

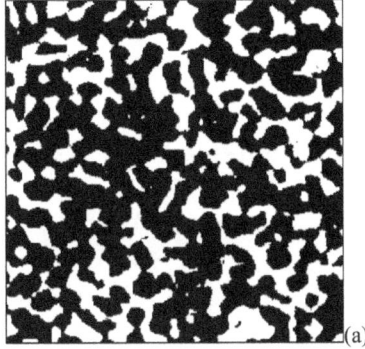

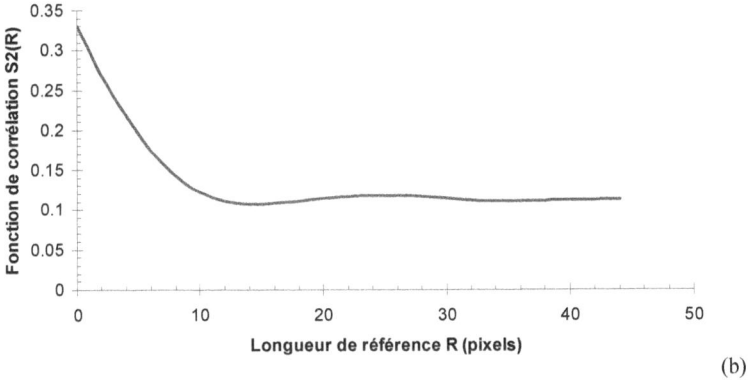

Figure II–7 : (a) Image binaire d'un grès (sandstone) (les pores sont en blanc) de 300x300 *pixels* (le pixel fait 5µm), (b) la fonction de corrélation 2-points. (référence [36].)

La corrélation 2-points peut aussi être décrite en utilisant la fonction d'autocorrélation 2-points qui est la version normalisée de la fonction de corrélation 2-points (voir Figure II–8) :

$$R_2\left(\vec{R}\right) = \frac{\left\langle Z(\vec{r}_1 - \phi).Z(\vec{r}_1 + \vec{R} - \phi)\right\rangle}{\phi - \phi^2} \qquad \text{(Eq. II-8)}$$

Les propriétés de l'auto-corrélation 2-points $R_2(\vec{R})$ sont :

1. $R_2(0) = 1$,

2. $\lim R_2\left(\vec{R}\right)_{\vec{R} \to \infty} = 0$, en l'absence d'ordre à longue distance.

D'autres fonctions de corrélation n-points peuvent être définies de façon à ce que les n points appartiennent toujours à la même phase étudiée :

$$S_2^{(i)}\left(\vec{r}_1, \vec{r}_2, \ldots, \vec{r}_n\right) = \left\langle Z^{(i)}(\vec{r}_1).Z^{(i)}(\vec{r}_2)\ldots\ldots Z^{(i)}(\vec{r}_n)\right\rangle \qquad \text{(Eq. II-9)}$$

En pratique, l'estimation de la fonction de corrélation n-points (n > 2) est numériquement difficile et couteuse en temps de calcul. Notons que la fonction de corrélation 2-points peut être obtenue expérimentalement par la dispersion de rayons-X aux petits angles [37].

(a)

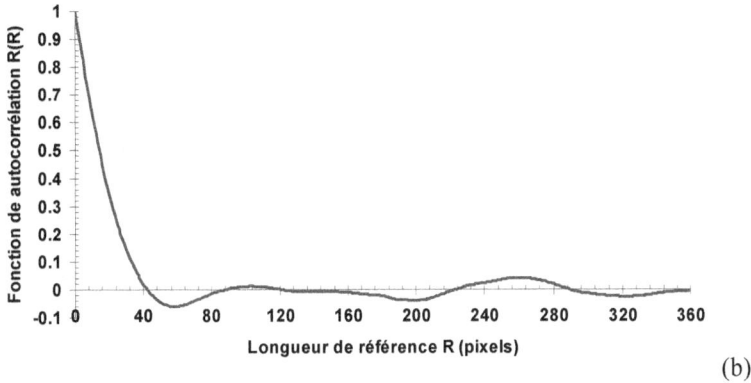

(b)

Figure II–8 : (a) Image d'un agrégat de billes de verres (les pores en noir) de 760x570 *pixels.* **(2.1x2.1 μm^2) (b) La fonction d'auto-corrélation extraite de l'image (a). (référence [31].)**

Pour l'étude d'un milieu anisotrope, la fonction de corrélation 2-points peut être construite par l'analyse mutuelle de différentes coupes prises selon les trois axes principaux [38, 39].

II.3.3. Surface volumique

La surface volumique s d'un milieu bi-phasique peut être définie comme l'aire de l'interface *phase1-phase2* divisée par le volume total unitaire du milieu (ce milieu étant supposé représenté une masse de matériau). L'unité de s est l'inverse d'une longueur et c'est une mesure caractéristique importante du milieu. En fait, il est montré que la pente de la fonction de corrélation 2-point prend, quand $r = 0$, peu importe la phase, la valeur de $-s/4$ dans l'espace tridimensionnelle, et en général :

$$\frac{d}{dr}S_2(r)\big|_{r=0} = \begin{cases} -s/2 & D=1 \\ -s/\pi & D=2 \\ -s/4 & D=3 \end{cases}$$

(Eq. II-10)

D étant la dimension de l'espace. Dans un milieu digital de dimension D, Eq. II-8 devient :

$$\frac{d}{dr}S_2(r)\big|_{r=0} = -s/(2D)$$

(Eq. II-11)

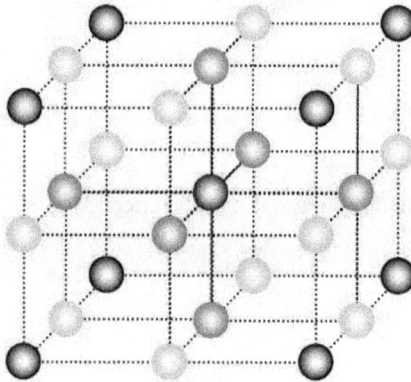

Figure II–9 : Un *voxel* ⬤ dans l'espace digital tridimensionnel est en contact avec 26 *voxels*, par sommet ⬤, par arête ⬤ et par face ⬤.

La procédure d'évaluation de la valeur de s dans un milieu digital tridimensionnel est la suivante : on compte la surface d'interface de chaque *voxel* appartenant à une phase de référence. Sachant qu'un *voxel* dans l'espace est entouré par 26 *voxels*, comme il est montré dans la Figure II–9.

II.3.4. Fonction du chemin linéaire

1. La fonction de corrélation 2-points ne peut pas à elle seule définir complètement un matériau hétérogène bi-phasique. Un autre

descripteur morphologique de la structure d'un milieu dispersé est la fonction du chemin linéaire (en anglais, *Lineal-path function).*

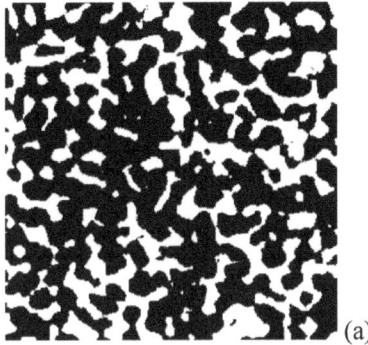

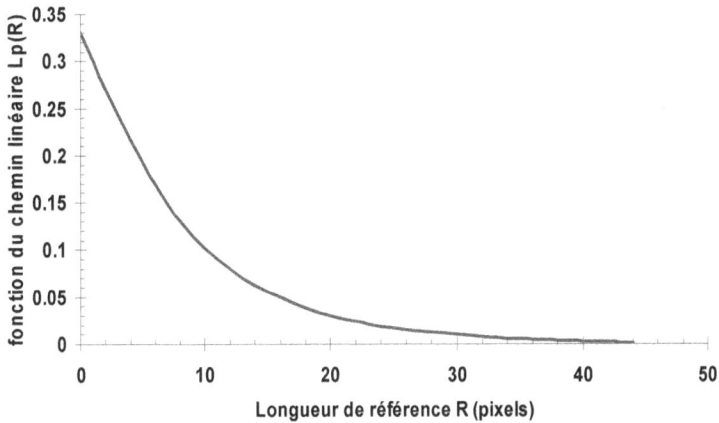

(a)

(b)

Figure II–10 : (a) Image binaire d'un grès (sandstone) (les pores en blanc) de 300x300 *pixels* (le *pixel* fait 5μm), et (b) fonction du chemin linéaire [36].

Dans une structure quelconque qui se compose de deux phases, la fonction de chemin linéaire $L^{(i)}(\vec{r}_1, \vec{r}_2)$ est définie comme la probabilité de trouver tous les points d'un vecteur $\vec{R} = \vec{r}_1 - \vec{r}_2$ dans la même phase :

$$L^{(i)}(\vec{R}) = P(\vec{r}_1, \vec{r}_2) \qquad \text{(Eq. II-12)}$$

$$P(\vec{r}_1, \vec{r}_2) = \begin{cases} 1, & \vec{r} \in \vec{R} \\ 0, & \vec{r} \notin \vec{R} \end{cases} \qquad \text{(Eq. II-13)}$$

où, $\vec{R} \in V_{ref}$. Pour une phase donnée, deux propriétés importantes de cette fonction sont :

1. $L(0) = S_2(0) = \phi$

    $\lim L(\infty) = 0$, dans l'absence de l'ordre à longue distance.

Cette fonction décrit la connectivité locale en 2D du milieu étudié, au moins le long d'un chemin linéaire. Elle reflète certaines informations à longue distance sur le système étudié. Figure II-10 est un exemple de cette fonction.

Pour résumer, pour un *pixel* d'une phase donnée la fonction $L_P(R)$ est la mesure, dans une direction donnée, de la distance en *pixels* entre ce *pixel* et le *pixel* le plus proche de la phase opposée. Il faut balayer la totalité de l'image, compter le nombre des essais dans lesquelles tous les points (*pixels*) de cette ligne se trouvent dans la même phase initiale, et à la fin des opérations diviser ce nombre par le nombre total des essais effectués (ce nombre correspond à la taille du milieu si le domaine est périodique).

II.3.5. Fonction de percolation de volume

La percolation représente le passage d'une information entre deux points d'un système. Dans le cas d'un corps poreux la percolation représente la pénétration des pores entre deux faces du matériau, ce qui est illustré en Figure II–11.

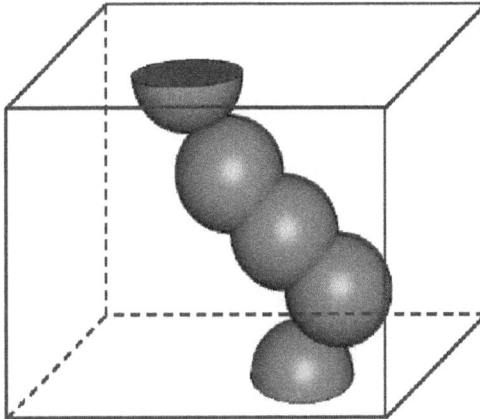

Figure II–11 : Percolation de la phase solide par les pores (sphères grises) [40].

Les pores isolés rencontrés dans le matériau ne contribuent pas à l'écoulement. Ainsi, la fraction de volume des pores à travers lequel le fluide peut percoler est cruciale pour l'étude de l'écoulement car elle établit le degré de connexion de l'espace pores. La fraction de percolation de volume f_p :

$$f_P = \phi \times \phi' \qquad \text{(Eq. II-14)}$$

ϕ le volume total des pores et ϕ' le volume des pores en connexion.

II.3.6.   Fonction d'amas 2-points

La fonction d'amas 2-points (en anglais : *2-points cluster function*) $C^{(i)}(x_1,x_2)$ est définie comme la probabilité de trouver deux points x_1,x_2

choisis aléatoirement, dans le même amas (cluster) d'une phase i. Elle est applicable à une structure tridimensionnelle.

II.3.7. Fonction de distribution de la taille des pores

La fonction de distribution de la taille des pores (en anglais : *size distribution function*) $P(\delta)$ est définie comme la probabilité de trouver un point de la phase de pores à une distance entre δ et $\delta + d\delta$ du point le plus proche de l'interface solide/pore. Cette fonction est différente de la distribution de taille de pore obtenue directement par la technique du porosimètre à mercure. Cette fonction est applicable à l'analyse de la structure résultante de la reconstruction tridimensionnelle [41].

II.4. Recuit simulé pour la reconstruction tridimensionnelle

II.4.1. Procédure d'optimisation

Le problème de reconstruction, ou de construction, est un problème d'optimisation [1]. Dans la suite de l'analyse, on considère un milieu poreux isotrope constitué de deux phases : la phase solide continue et la phase dispersée qui forme des pores. Le but est de reconstruire ce milieu en 3D en utilisant les informations statistiques extraites d'une configuration représentative bidimensionnelle, par exemple une image MEB.

Soit la fonction de référence $S_{2,ref}(\vec{R})$ d'une phase quelconque mesurée à partir de l'image MEB transformée en image binaire, $S_{2,sim}(\vec{R})$ est la même fonction mais ici de la structure générée en 3D. La fonction de l'énergie E [42], appelée aussi la fonction du coût et la fonction objective [36], est définie comme la somme de carré de différences entre la fonction de référence $S_{2,ref}(\vec{R})$ et la fonction estimée dans la structure générée $S_{2,sim}(\vec{R})$:

$$E = \sum_{r=1}^{r=\vec{R}} \left[S_{2,sim}(r) - S_{2,ref}(r) \right]^2 \qquad \text{(Eq. II-15)}$$

Le but est donc de minimiser cette fonction E en sorte que la structure reconstruite soit statistiquement semblable à la structure de l'image bidimensionnelle. Dans le cas où plusieurs fonctions statistiques sont considérées, Eq. II-12 devient :

$$E = \sum_{j=1}^{j=n} \sum_{r=1}^{r=\vec{R}} \left[S_{2,sim,j}(r) - S_{2,ref,j}(r) \right]^2 \qquad \text{(Eq. II-16)}$$

où, n est le nombre de fonctions considérées dans la simulation. La technique d'optimisation adaptée à ce genre de problème est la méthode du recuit simulé [43, 44]. Elle est utilisée pour l'optimisation de problème de grande échelle où un minimum global (*mimimum minimorum*) s'est caché parmi plusieurs minima locaux. L'équation générale de l'énergie pour un système multiphasique anisotrope s'écrit :

$$E = \sum_{i} \sum_{j} \sum_{k} \alpha_{j,k} \left[f_s^{(j,k)}(r^n) - f_0^{(j,k)}(r^n) \right]^2 \qquad \text{(Eq. II-17)}$$

α est un facteur de masse qui représente l'importance relative de chaque fonction individuelle sur l'énergie totale [18]. La sommation i est multidimensionnelle sur toutes les configurations n. La sommation j concerne les différentes phases dans un système p-phasique, et k est relatif à l'anisotropie.

Le concept de chercher de l'état d'énergie minimum par le schéma du recuit simulé est fondé sur l'analogie avec la physique du recuit, procédé utilisée par les métallurgistes [45, 46]. Lorsqu'un système est chauffé à une température élevée puis se refroidit lentement, il atteint un état d'équilibre. Pour une température donnée T, la probabilité d'être dans un état d'énergie E est donnée par la distribution de Boltzmann [47] :

$$P(X) = \frac{1}{Z_T} \exp\left(-\frac{E(X)}{K_B T}\right)$$ (Eq. II-18)

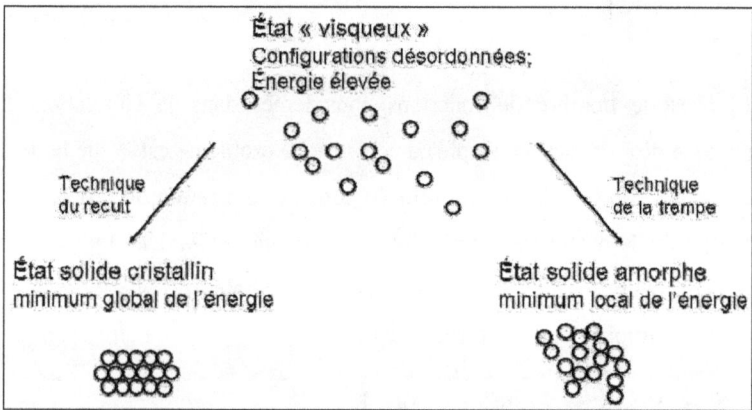

Figure II–12 : Principe physique du recuit ; il s'agit d'obtenir un minimum global de l'énergie du système.

$X \in \Omega$ (X est une configuration du système physique), E est une fonction d'énergie définie sur Ω et T est la température. K_B est la constante de Boltzmann. La température du recuit diminue selon un programme prescrit jusque l'obtention de l'énergie du système dans un état très proche de l'état de l'équilibre à un seuil de tolérance préalablement définie. La Figure II–12 illustre la procédure du recuit.

Dans le cas envisagé, pour commencer la simulation, une structure 3D, définie par un volume total $V_{tot} = L_X \times L_Y \times L_Z$, est générée aléatoirement et de façon que la phase à reconstruire soit contrôlée par la valeur de fraction volumique de cette phase ϕ. Cette fraction volumique est déterminée directement de l'image binaire de référence en 2D ou par voie expérimentale sur un échantillon du matériau.

Supposons que la phase des pores soit à reconstruire, chaque itération est une perturbation du système où un *voxel* de la phase des pores est choisi, aléatoirement, librement ou selon un critère de sélection [36], et échangé avec un *voxel* de la phase solide choisi de même manière. Cet échange garanti la conservation de fraction volumique de chaque phase. Un nouveau système est obtenu. Celui-ci est accepté si la valeur de sa fonction de coût E' diminue : $E' < E$, sinon le système sera conditionnellement accepté avec probabilité $P(\Delta E)$. Ceci constitue l'algorithme de Metropolis [23] (ou Metropolis-Hastings [43]) :

$$P(\Delta E) = \begin{cases} 1, & \text{si } \Delta E^{(t)} \leq 0 \\ e^{-\Delta E^{(t)}/T^{(t)}}, & \text{si } \Delta E^{(t)} > 0 \end{cases} \qquad \text{(Eq. II-19)}$$

où, $\Delta E = E' - E$, et T est une variable appelée « température » du recuit.

II.4.2. Algorithme général de la reconstruction par la méthode du recuit simulé

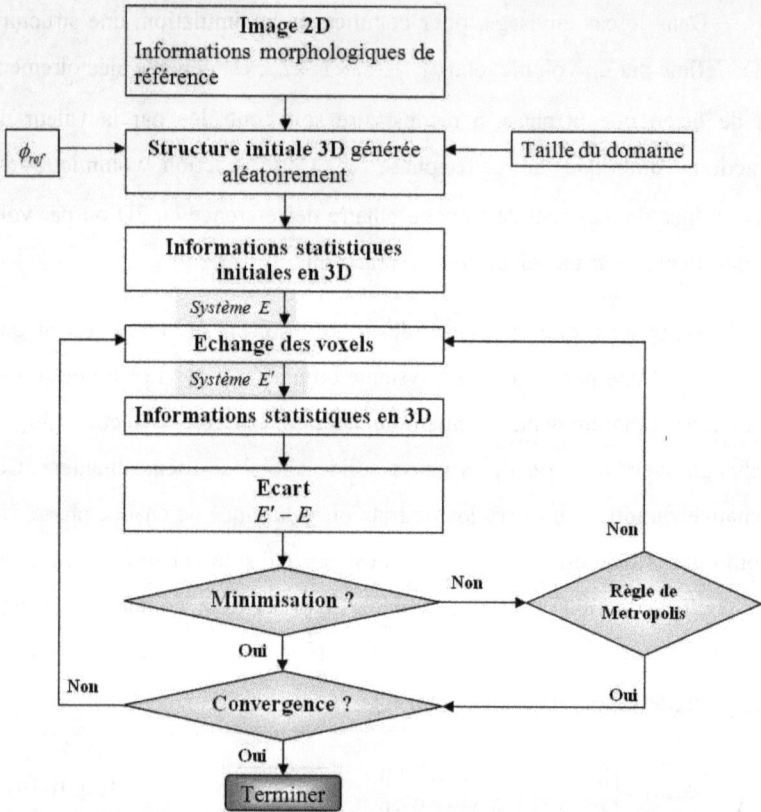

Figure II–13 : Algorithme général du recuit simulé avec les différents paramètres de contrôle.

La Figure II–13 illustre l'algorithme suivi dans ce travail. La mise en place de cet algorithme de calcul est relativement simple et, dans la suite, les différentes étapes seront détaillées.

II.4.2.1.   Structure tridimensionnelle initiale

La taille du domaine à reconstruire est limitée par la capacité de la machine du calcul. Néanmoins, il n'est pas utile de choisir une grande taille qui serait pénalisée par le temps du calcul. Pour un matériau donné, un domaine de taille 122^3 est suffisant pour remonter à l'espace 3D et, par comparaison avec un domaine de taille 167^3, les résultats sont comparable avec l'économie de 14 fois le temps du calcul.

L'initialisation du domaine se fait après avoir choisi une phase de référence dont ϕ est connue, par la génération aléatoirement de $\phi \times V_{tot}$ voxels qui vont représenter cette phase. Le reste des voxels du domaine sera attribué à la deuxième phase.

Une autre possibilité est aussi de définir l'image de référence dans le plan $Z = 0$ et de garder les voxels intangibles pendant la procédure de reconstruction.

II.4.2.2.   Echange des voxels : critère de sélection

Les voxels à échanger peuvent être choisis, de façon aléatoire, librement ou par un critère de sélection. Zhao a montré [36] que l'application d'un critère de sélection présente l'avantage de détecter, lors de la reconstruction, les voxels les plus fragiles dans le domaine ce qui ajoute à l'amélioration de la qualité de la structure résultante d'une part, et d'autre part accélère le calcul et donc baisse le coût. Plusieurs tests montrent que l'application de cette procédure converge plus rapidement vers une énergie minimale.

D'une manière générale, si un voxel **A** est entouré par d'autres voxels de la même phase, on peut le considérer stable (ou moins fragile) qu'un *voxel* **B** entouré par des *voxels* d'une phase différente. La sélection du *voxel* **B**, pour un échange ultérieur, ne détruit pas un amas (*cluster*). C'est pour cette raison que cette sélection du *voxel* **A** n'est pas adaptée.

Pour un milieu poreux, dans le cas de la phase des pores : un *voxel* est d'abord choisi aléatoirement puis sa connectivité à ces 26 voisins est étudiée. Dans cette étude, les 6 directions principales ainsi que les 20 directions diagonales sont scannées (Figure II–9). On désigne par N_P le nombre de voisins qui sont définis comme « pores ». Si la connectivité est inférieur à un nombre N_P conventionnel, le *voxel* est sélectionné, sinon il est abandonné et un autre est recherché. La même procédure est appliquée lors de la sélection d'un *voxel* de la phase solide. Ici, N_S définit le nombre de voisins qui appartiennent à la phase « solide ».

Lorsque dans une configuration il n'existe plus de *voxels* à échanger, sans que la valeur de l'énergie soit minimale, une légère modification dans l'étape de sélection est appliquée en sorte que le nombre conventionnel des voisins (soit N_P ou N_S) soit incrémenté après une série d'essais de sélections avortées. Cette incrémentation conditionnelle garantit la souplesse et la continuité de la procédure de reconstruction sans générer de temps de calcul supplémentaire [48].

Les valeurs de N_P et N_S dépendent fortement de l'expérience et de l'observation de l'image bidimensionnelle de référence. En générale elle varie entre 4 et 12.

II.4.2.3.   Paramètre de contrôle T « température du recuit »

La « température du recuit » joue un rôle déterminant sur la qualité de la structure reconstruite. Elle est choisie en sorte qu'elle permette la convergence progressive vers l'état désiré le plus rapide possible et en évitant le piège d'un minimum local d'énergie. Deux variables sont distinguées ici: la « température » initiale et la « température du recuit ».

II.4.2.3.1. Comment déterminer la « température » initiale ?

Un point important pour la convergence est le choix de la « température » initiale, qui doit être choisie suffisamment élevée pour permettre au système de changer aisément de minimum local pendant les premières étapes de la simulation.

Le schéma classique proposé dans la littérature [18, 30, 42] est suivi ici. L'estimation de la « température » initiale est fondée sur le comportement initial de la fonction de coût E après certain nombre de solutions acceptées t_0, la moyenne des sauts de la fonction de coût ΔE est calculée :

$$\overline{\Delta E} = \frac{1}{t_0} \sum_{t=1}^{t_0} \Delta E^{(t)}$$ (Eq. II-20)

puis, pour une valeur de probabilité déterminée P_0, la « température » initiale du recuit T_0 est estimée par l'expression :

$$P_0 = e^{-\overline{\Delta E}/T_0}$$ (Eq. II-21)

Les valeurs de t_0 et P_0 sont généralement 1000 et 0.8, respectivement.

II.4.2.3.2. Comment abaisser la « température » de recuit ?

Une « température » élevée permet l'évolution rapide de la configuration initiale du système et donc l'acceptation de toutes les solutions. Après certain nombre d'itérations la diminution de cette « température » est indispensable.

Plusieurs propositions ont été faites pour réduire la « température » de recuit au cours du processus de reconstruction, parmi lesquelles le schéma classique et le schéma en chaines de Markov.

II.4.2.3.2.1. *Schéma classique*

Ce schéma « statique » est le plus rapide et le plus usuel en raison de la souplesse de sa programmation. Après un nombre prédéfini de solutions ou un certain nombre de solutions acceptées $t_{reduced}$, la « température » du recuit est tout simplement réduite par un facteur λ compris entre 0 et 1 :

$$T_m = \lambda^m T_0 \qquad\qquad\qquad \text{(Eq. II-22)}$$

m étant le nombre de chaines de Markov. Une chaine de Markov représente un nombre prédéfini de solutions (acceptées).

II.4.2.3.2.2. *Schéma des chaines de Markov*

Dans ce schéma « dynamique », le taux de réduction de la « température » est régit par le programme du recuit, et la variation de la valeur de la fonction de coût est prise en charge lors de la réduction. Ce programme est choisi de manière à ce qu'un optimum global soit atteint le plus rapidement possible. En pratique, T est réduit par le facteur λ après un certain nombre prédéfini d'échanges, appelé chaine de Markov. Ce facteur est calculé au moyen de la relation [31, 49] :

$$\lambda = Max\left[\lambda_{min}, Min\left(\lambda_{max}, \frac{E_{min}^{Markov}}{\overline{E}^{Markov}}\right)\right] \qquad\qquad \text{(Eq. II-23)}$$

$\lambda_{\min}$ et $\lambda_{\max}$ sont les facteurs maximum et minimum permis pour la réduction. A chaque chaine de Markov, c'est-à-dire après $t_{reduced}$ échange, les valeurs minimum $E_{\min}^{Markov}$ et moyenne $\overline{E}^{Markov}$ de la fonction de coût sont extraites pour le calcul du facteur de la réduction λ. La température du système est donc mise à jour par :

$$T = T_0 e^{(\lambda-1)(m+1)}$$

(Eq. II-24)

T_0 est la température initiale et m est le nombre de chaines de Markov après un total nombre de $t_{reduced}$ échange.

La valeur de $t_{reduced}$ dépend de la taille de domaine à reconstruire. Pour un domaine de 100^3 voxels par exemple, il paraît que 10^3 est bon. Les valeurs de $\lambda_{\min}$ et de $\lambda_{\max}$ sont comprises entre 0 et 1.

II.4.2.4.   Critères de convergence

Le calcul s'achève pratiquement après certain nombre de rejections consécutives *MAX_REJECTIONS*, ou lorsqu'une certaine valeur d'énergie minimale E_{min} est atteinte. La valeur de *MAX_REJECTIONS* signifie qu'à un instant donné, le système ne contient plus de solution qui permette de poursuivre la minimisation de l'énergie ce qui se traduit par la nécessité d'arrêter le calcul.

II.4.2.4.1. Valeur d'énergie minimum

Le choix de la valeur $E_{\min}$, vue aussi comme la tolérance, joue un rôle très important sur la qualité de la structure finale résultante de la procédure de la reconstruction. Jiao et al. [37] montrent que, pour l'algorithme d'échantillonnage orthogonal, $E_{\min}$ est relié linéairement à la taille du domaine N par :

$$E_{\min} = \frac{1}{N^4} \qquad\qquad \text{(Eq. II-25)}$$

et le taux de *pixels* mal placés d'une phase par rapport au nombre total des *pixels* est :

$$\gamma = \frac{N_{mp,i}}{N_i} = \frac{1}{\phi_i} N^2 E_{\min} \qquad\qquad \text{(Eq. II-26)}$$

En d'autres termes, pour $E_{\min}$ prescrite, la reconstruction se termine à cette valeur avec un certain nombre résiduel de *voxels* mal placés. Ces voxels résiduels n'ont plus d'influence sur les propriétés du milieu reconstruit.

La valeur de $E_{\min}$ est définie dès le départ et elle est comprise entre 10^{-5} et 10^{-12}.

II.4.2.4.2. Valeur de rejections successives maximales

Après certain nombre de solutions consécutives non acceptées puisqu'elles ne vérifient pas le critère de minimisation défini par Eq. II-15 ou Eq. II-16 le domaine reconstruit est 'bloqué' et la recherche ultérieure des solutions devient inutile. Le paramètre *MAX_REJECTION* dans cette étude était entre $3.2 \times 10^4 - 10^5$ solutions selon l'importance du problème exposé.

II.4.2.4.3. Nombre d'itérations maximum

Il est parfois nécessaire de terminer la procédure de reconstruction après un certain nombre d'itérations N_{iter_MAX}. Ce nombre est estimé en fonction de la taille de grille choisie pour le domaine à reconstruire. Le fait d'augmenter ce nombre n'a pas d'influence sur le temps de calcul, et une valeur maximale de 9×10^6 solutions peut donc être imposé.

II.4.3.   Algorithme d'échantillonnage orthogonal

A chaque échange de *voxels* les fonctions statistiques de la structure sont recalculées, et on comprend que le rendement d'un outil numérique de reconstruction dépend fortement de la méthode adoptée pour ce calcul répétitif. Yeong et Torquato ont introduit [18] l'algorithme d'échantillonnage orthogonal (en anglais, *Orthogonal Sampling Algorithm*).

En fait, l'étape qui consomme le plus du temps dans le schéma du recuit simulé est la détermination de la fonction de coût E à travers le calcul répétitif de la fonction de corrélation S_2 (dans le cas d'une seule information statistique) à chaque échange de *voxels*. Ce calcul peut être considérablement amélioré en observant qu'une fois la fonction S_2 calculée pour la structure initiale tridimensionnelle, il n'est plus nécessaire d'échantillonner les structures intermédiaires puisque le changement de la fonction S_2 sera seulement lié au changement des trois plans X, Y et Z que contiennent les *voxels* modifiés. Cette modification de la valeur de S_2 peut-être simplement évaluée en invoquant la procédure d'échantillonnage des rangs, des colonnes et des lignes qui contiennent ces *voxels*, ce qui est un ajustement des valeurs de S_2 initialement stockées.

Un bon choix de la longueur de référence R_{max} améliore le rendement de cet algorithme, et abaisse le temps du calcul réel. En général, dans le cas d'un système avec un ordre à longue distance, cette longueur ne dépasse pas la moitié de la dimension linéaire du milieu reconstruit.

II.4.4. Schéma de reconstruction « hybride »

La signification du terme « hybride » ici correspond à l'incorporation de plusieurs informations morphologiques dans la procédure de minimisation quand est reconstruit, de façon stochastique, un domaine tridimensionnel à partir d'une image de référence bidimensionnelle. Ce schéma peut, théoriquement, éliminer les points faibles dus à l'exploitation d'une fonction statistique unique.

Plusieurs schémas sont proposés dans la littérature, dans lesquelles soit deux sources d'informations morphologiques sont utilisées [15, 18, 19, 36], soit l'initialisation de la structure du milieu [42] est différente. Ici, comme indiqué, le schéma hybride intègre la fonction de corrélation 2-points et la fonction du chemin linéaire dans une procédure de reconstruction. La procédure de minimisation pour le cas d'un milieu périodique et isotrope est décrite par une forme modifiée de la relation générale (Eq. II-17).

$$E = \sum_{i=1}^{i=\vec{R}} \left\{ \left[S_2^{sim}(i) - S_2^{ref}(i) \right]^2 + \left[L_p^{sim}(i) - L_p^{ref}(i) \right]^2 \right\}$$

(Eq. II-27)

$\vec{R}$ étant toujours la longueur de référence (exprimée en *pixels*).

II.4.5. Algorithme « Lattice-Point »

Cet algorithme est proposé par Jiao et al. [35, 37] et développé spécialement pour les problèmes traités avec une seule information sur la morphologie celle de la fonction de corrélation 2-points.

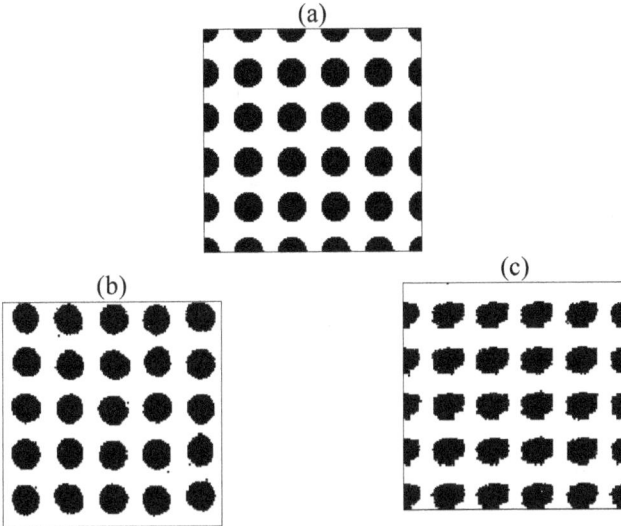

Figure II–14 : Reconstruction bidimensionnelle de l'image binaire de référence (a) avec $\phi = 0.34$ **(*pixels* en noir), (b) résultat de la reconstruction via l'algorithme « lattice-point » et (c) résultat de la reconstruction via l'algorithme d'échantillonnage orthogonal.**

Cet algorithme efficace préserve l'isotropie de la structure. Il est fondé sur le balayage de la totalité de la structure dans toutes les directions possibles. Avec cet algorithme, au lieu de considérer le domaine digital comme l'ensemble de pixels ou voxels noirs et blancs il est considérée qu'une seule phase, celle de pixels noirs, vue comme des molécules gazeuses sur un réseau particulier. Ces molécules sont soumises à la condition de l'impénétrabilité [50] ce qui préserve la fraction volumique de la phase concernée. La référence [37] présente en détail cet algorithme. La Figure II–14 compare les deux résultats de reconstruction bidimensionnelle du milieu présenté en (a) en utilisant l'algorithme « lattice-point » (b) puis l'algorithme d'échantillonnage orthogonal (c).

II.5. Applications

Après avoir discuté les différentes propositions et schémas déjà élaborés, les résultats préliminaires obtenu son présentés ci-dessous en appliquant l'algorithme général illustré en Figure II–13 ainsi que les modifications apportées à cet algorithme chaque fois que nécessaire. Ces résultats sont toujours dans le cas de la reconstruction tridimensionnelle d'un milieu bi-phasique à partir d'une image binaire (digitale) bidimensionnelle dans laquelle sont distinguées deux phases : phase A représentée en pixels noirs et phase B représentée en pixels blancs.

Pour présenter nos travaux et résultats, un outil numérique fondé sur le langage de programmation Visual Basic VB06 a été développé au sein du laboratoire. Cet outil a l'avantage d'une part d'être construit avec un langage simple et lisible, et d'autre part, il permet la visualisation simultanément au cours de la procédure de la reconstruction ce qui simplifie considérablement le travail.

La reconstruction d'un milieu bi-phasique, adoptée ici, est implicitement fondée sur deux hypothèses.
1. Le milieu est supposé stationnaire et en équilibre thermodynamique.
2. Toutes les informations sur la morphologie d'une phase du milieu sont supposées contenue dans deux fonctions : la fonction de corrélation 1-point et la fonction de corrélation 2-points.

Le domaine à reconstruire est supposé isotrope. Le cas d'un domaine anisotrope bien qu'envisageable n'est pas étudié ici.

II.5.1. Sélection d'une image de référence

Soit un matériau poreux de porosité ϕ (ϕ est ici la valeur réelle obtenue par voie expérimentale), il est possible d'ajuster le niveau de seuil appliqué à l'image MEB qui décrit la structure du matériau de sorte que l'image binaire obtenue vérifie la valeur ϕ de la porosité. L'ajustement se fait à l'aide de l'histogramme du niveau de gris des pixels en fonction [51], Figure II–15.

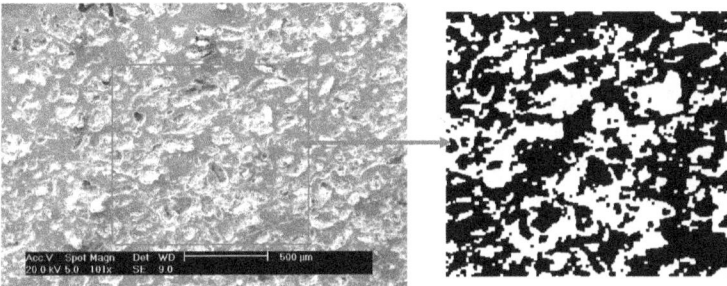

Figure II–15 : Image MEB d'un échantillon de cordiérite (a) et image binaire obtenue par l'application d'une valeur du seuil qui maintient une valeur de porosité $\phi = 42\%$ (b).

Dans le cas où cette image représente la microstructure d'un matériau céramique poreux, une de ces deux couleurs représente la phase continue tandis que l'autre représente la phase des pores.

II.5.2. Influence de la condition de bords périodiques

Un milieu périodique est un milieu qui se répète cycliquement après une période d'espace. Soit L la condition de frontières périodiques qui garantit la continuité d'un milieu périodique. A chaque fois que la condition de la périodicité est appliquée, le système est conceptuellement infiniment large ce qui justifie la valeur moyenne calculée pour la fonction S_2 en Eq. II-4.

Sur l'exemple présenté en Figure II–16, on constate une influence négligeable sur la fonction S_2 quand on applique la condition de bords périodiques. Dans le calcul, la condition de la périodicité est implicitement inclus.

II.5.3.   Influence de l'isotropie du milieu étudié

Le même constat que celui fait en Figure II–16 s'impose quand la fonction S_2 ou la fonction L_P d'un matériau isotrope sont étudiées dans une de deux directions principales, comme le montre la Figure II–17.

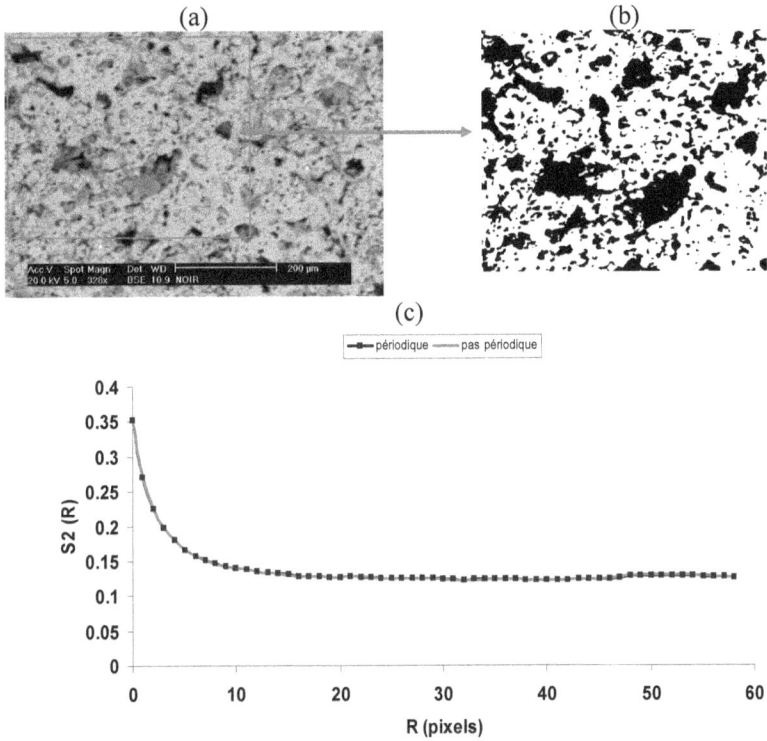

Figure II–16 : (a) Image MEB de *SiC* **de taille 712x484** *pixels***, (b) image binaire de référence de 400x400** *pixels* **et (c) influence négligeable sur la fonction** S_2 **est constatée quand la condition de bords périodiques est appliquée.**

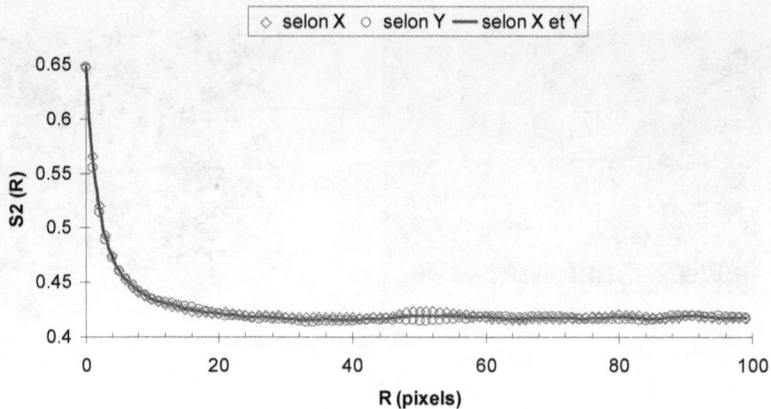

(a)

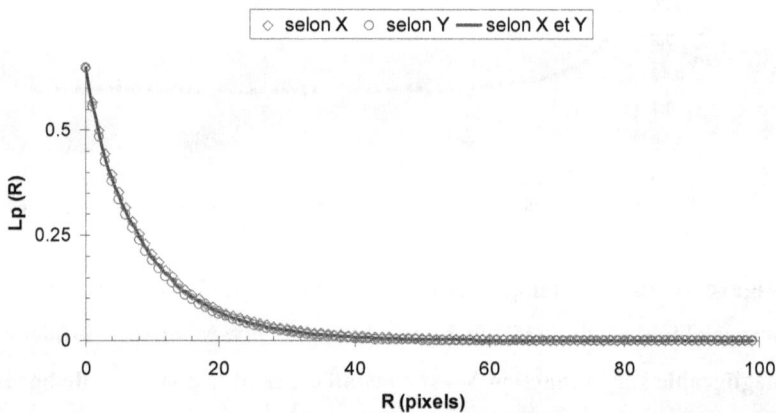

(b)

Figure II–17 : Pour le milieu présenté en Figure II–16-b, une influence négligeable sur les résultats est constatée quand la fonction S_2 (a) et la fonction L_P (b) sont étudiée selon l'une ou l'autre des deux directions orthogonales principales.

II.5.4. Reconstruction de disques

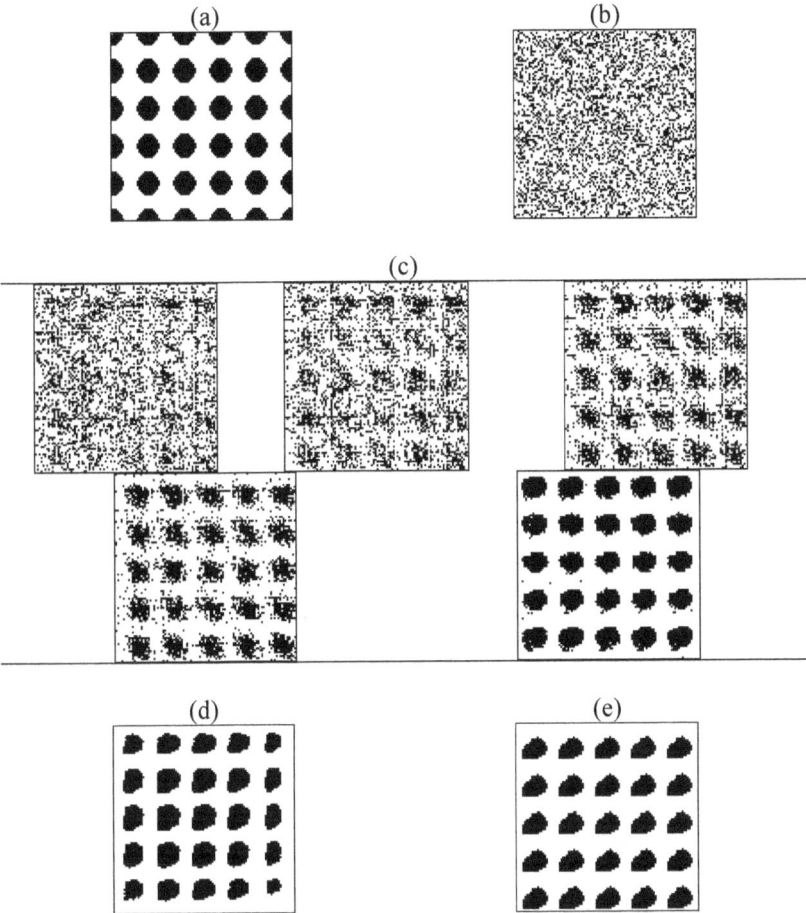

(a)

(b)

(c)

(d)

(e)

Figure II–18 : Résultat de la reconstruction 3D des disques. (a) Image binaire de référence (100x100 *pixels*) de disques périodiques dans une cavité carrée, (b) coupe dans le domaine initial 3D à *Y*=50 *pixels*, (c) évolution de la structure initiale à plusieurs étapes intermédiaires durant la simulation à *Y*=50 *pixels*, (d) coupe dans la structure finale à *Z*=50 *pixels*, (e) coupe dans la structure finale à *Y*=50 *pixels*.

Le domaine illustré en

Figure II–18-a se compose de disques noirs de d pixels de diamètre, définis comme phase A (à reconstruire), placés de façon périodique dans une cavité carrée, définie comme phase B. Ce cas est important pour des applications diverses dans le domaine de la science des matériaux [17] et il très fréquent dans les applications industrielles. Cette configuration illustre l'ordre à courte distance.La simulation commence avec une structure initiale aléatoire dont

Figure II–18-b représente une coupe, générée à l'aide de la valeur de fraction volumique de la phase A $\phi_A = 0.312$. La taille du domaine à reconstruire est de 1003 voxels et seule la fonction S2 est calculée pour la structure 3D.

La Figure II–19 présente une structure proche de celle de sphères périodiques dans un cube. En fait, on ne peut pas retrouver de vraies sphères (

Figure II–18-d et

Figure II–18-e) pour deux raisons :

1. les disques présentés dans l'image en

2. Figure II–18-a sont bidimensionnelles et elles peuvent être des coupes droites ou inclinées dans des sphères ou dans des cylindres,

3. le balayage du domaine, lors de l'étude de S_2 dans la structure 3D, se fait selon les directions principales orthogonales et les autres directions ne sont pas considérées.

Le même rangement des amas noirs est reproduit. En fait, la solution du problème de la reconstruction n'est pas unique ; il est possible d'obtenir une infinité de structures statistiquement vraisemblables et différentes pour la même courbe à partir de la fonction statistique.

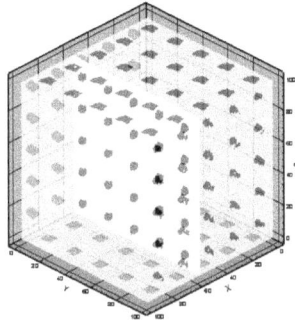

Figure II–19 : Représentation en 3D de la structure reconstruite en Figure II–18-a.

En Figure II–20 la fonction de corrélation 2-points en fonction de la longueur de référence R est tracée. Le fait de changer cette longueur impose une légère modification sur la structure finale constatée par une baisse de la valeur de E_{min}.

II.5.5. Reconstruction d'un damier

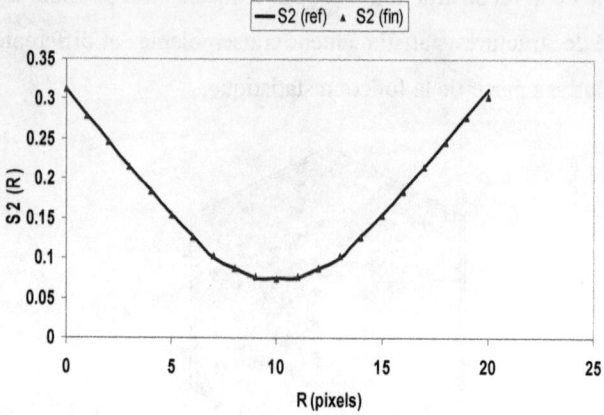

(a)

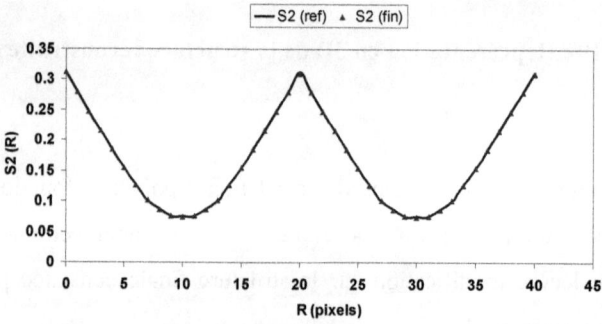

(b)

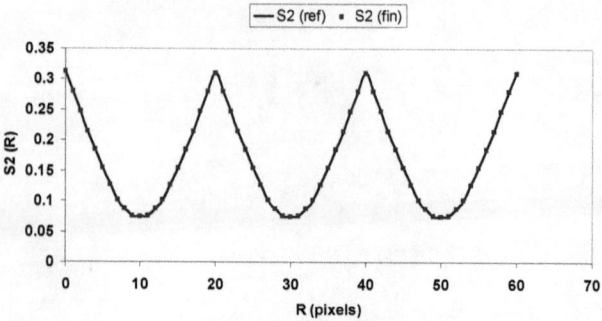

(c)

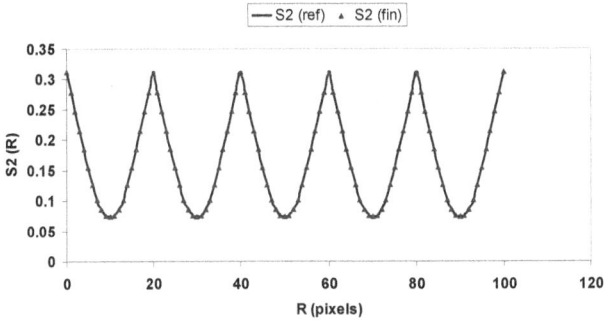

(d)

Figure II–20 : Fonction de corrélation S_2 **du milieu étudié en**

Figure II–18-a pour différentes valeurs de longueur de référence : (a)

$R_{max} = 20$ ***pixels,*** $E_{min} = 3.7 \times 10^{-5}$**, (b)** $R_{max} = 40$ ***pixels,*** $E_{min} = 3.3 \times 10^{-5}$**, (c)**

$R_{max} = 60$ ***pixels,*** $E_{min} = 5.5 \times 10^{-5}$**, et (d)** $R_{max} = 100$ ***pixels,*** $E_{min} = 9.1 \times 10^{-5}$**.**

Tous les autres paramètres de simulation sont gardées constants.

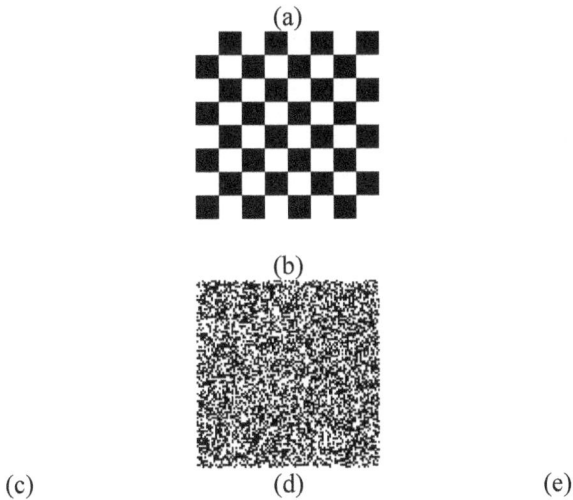

(a)

(b)

(c)   (d)   (e)

Figure II–21 : Résultat de la reconstruction 3D d'un damier : (a) Image binaire de référence de 104x104 *pixels*, (b) coupe dans le domaine initial 3D à *Y*=57 *pixels*, (c) coupe dans la structure finale à *X*=14 *pixels*, (d) coupe dans la structure finale à *Y*=54 *pixels*, et (e) coupe dans la structure finale à *Z*=61 *pixels*.

En Figure II–21 une image binaire d'une taille du réseau de 104x104 pixels dans laquelle les deux phases ont la même fraction volumique $\phi_b = \phi_n = 0.5$ (l'indice n pour les pixels noirs et b pour les pixels blancs), il s'agit d'une matrice d'inclusions carrées distribuées de façon régulière. Cette structure, complètement déterminée (elle n'est donc pas arbitraire), illustre la capacité de la procédure de reconstruction à reproduire la structure souhaitée avec une précision acceptable. Ce type de structure peut être imaginé comme une coupe dans un matériau bi-phasique composite ce qu'il donne l'importance d'une telle structure et ses propriétés physiques en science des matériaux.

Cule et Torquato [19] ont présenté dans leur travail les résultats de la reconstruction bidimensionnelle selon un algorithme rapide de transformé de Fourrier (FFT) pour calculer la fonction de corrélation S_2 modifiée après chaque échange de pixels. Un avantage de cette méthode peut être le balayage d'autre directions diagonale ou axiale, mais au détriment de l'efficacité de la procédure et au prix d'un coût élevé en temps de calcul ainsi que de la limitation du réseau à un nombre de pixels de l'ordre de 2^n.

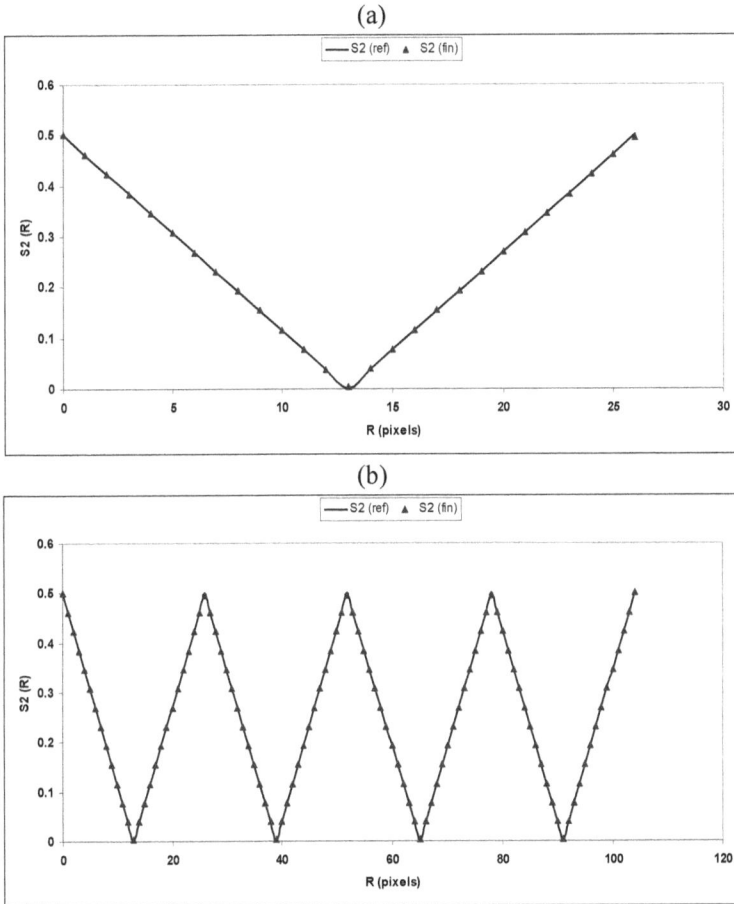

(a)

(b)

Figure II–22 : Fonction de corrélation S_2 du milieu étudié en Figure II–21-a pour deux valeurs de longueur de référence : (a) $R_{max} = 26$ pixels, $E_{min} = 5.5 \times 10^{-5}$, (b) $R_{max} = 104$ pixels, $E_{min} = 1.1 \times 10^{-4}$. Tous les autres paramètres de simulation sont gardées constants.

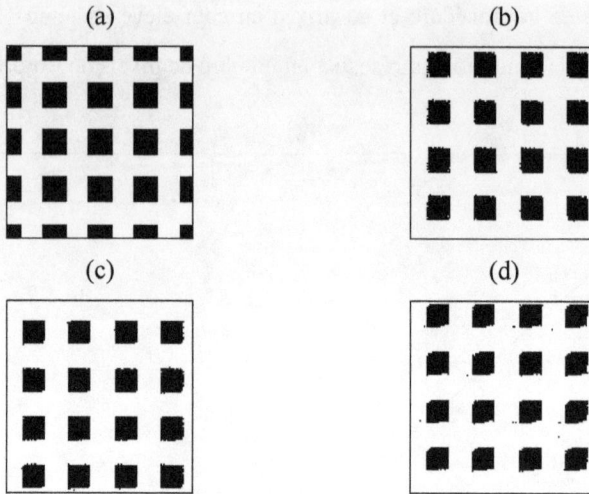

Figure II–23 : (a) Structure de 134x134 *pixels* avec une fraction volumique de $\phi = 0.3$ à reconstruire. Le résultat de la reconstruction 3D sont (b) une coupe dans la structure finale à X=110 *pixels*, (c) une coupe dans la structure finale à Y=111 *pixels*, et (d) une coupe dans la structure finale à Z=121 *pixels*.

Le fait de balayer la totalité du système et donc de choisir une longueur de référence de 10^4 *pixels* n'a pas d'influence sur la structure finale obtenue pour la procédure de reconstruction ce qui est montrée en Figure II–22. La Figure II–23 présente les résultats de la reconstruction d'une autre configuration dans laquelle la phase de reconstruction représente $\phi = 0.3$. La précision des résultats n'est pas parfaite en raison de l'étude de la structure 3D selon trois directions orthogonales seulement. L'étude d'autres directions peut améliorer les résultats au détriment du temps de calcul.

II.5.6. Reconstruction d'un matériau céramique poreux

Dans la suite, la reconstruction de la structure Figure II–24-a est présentée. Il s'agit d'un matériau céramique de carbure de silicium SiC étudié par Politis et al. [42]. L'image digitale est de 167x167 *pixels* avec une taille de *pixel* ~2 *μm*. La phase représentée en noir sera reconstruite avec une valeur de la fonction de corrélation 1-point $\phi = 0.42$. La taille de domaine 3D est 122^3 *voxels*.

(a)   (b)

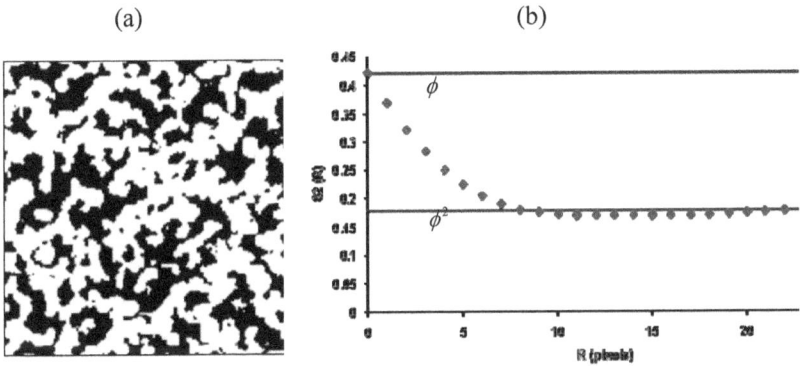

Figure II–24 : Image binaire de SiC **(a) et représentation de la fonction** S_2 **(b). Taille de l'image est 167x167** *pixels* **avec une taille du** *pixel* **~2** *μm* **(référence [42]).**

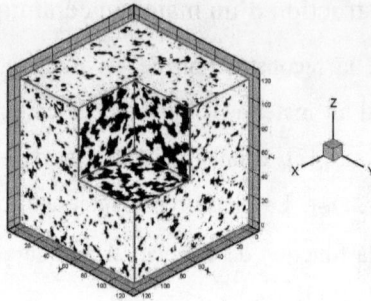

Figure II–25 : Résultat de la reconstruction de la structure présentée en Figure II–24-a. Le volume de pores est en noir.

La simulation commence avec la génération d'une structure aléatoire contrôlée par la fraction volumique $\phi = 0.42$. La valeur d'une fonction de coût de $E = 10^{-12}$ est atteinte et la simulation est terminée. La Figure II–25 est la structure tridimensionnelle résultante.

II.6. Conclusion partielle

La reconstruction stochastique d'un milieu poreux est présentée de façon détaillée dans ce chapitre. Cette reconstruction s'effectue à partir des informations morphologiques extraites statistiquement d'une image qui représente la microstructure du matériau.

Cette méthode de reconstruction est fondée sur le schéma de minimisation du recuit simulé (RS) à l'aide duquel les milieux isotropes ou anisotropes peuvent être reconstruits. Les informations morphologiques d'une image bidimensionnelle utilisées ici sont la corrélation 1-point ou la fraction volumique d'une phase ϕ, la fonction de corrélation 2-points S_2 et la fonction de chemin linéaire L_P.

Pour ce faire, un outil numérique de reconstruction stochastique est développé pour représenter les structures tridimensionnelles de différents matériaux céramiques poreux dont la valeur de la porosité ϕ est connue à partir de leur image de structure 2D. Cet outil est utilisé pour l'analyse structurale des matériaux testés. La structure résultante peut servir pour une estimation ultérieure des propriétés physiques du système étudié à l'aide d'un outil numérique approprié qui peut être fondé sur la méthode de discrétisation de Boltzmann sur réseau, thème du prochain chapitre.

Différents exemples de structures déterminées (régulières) ou aléatoires rencontrées dans le domaine de science des matériaux sont étudiés. La reconstruction stochastique par le schéma de minimisation du recuit simulé peut générer des configurations vraisemblables, du point de vue statistique, dans l'espace 3D.

Souvent les informations statistiques contenues dans la fonction de corrélation S_2 ne sont pas suffisantes pour la description complète de la (micro)structure qu'elles ne peuvent pas caractériser seules même si un minimum global d' « énergie » est atteint. L'incorporation d'une deuxième fonction, comme la fonction du chemin linéaire L_p, améliore la qualité de la structure résultante dans la mesure où elle informe sur la connectivité de la phase reconstruite.

L'amélioration de l'isotropie de la structure reconstruite peut aussi se faire par balayage d'autres directions que les trois directions orthogonales principales par transformée de Fourrier rapide. Cette solution est efficace mais couteuse en temps de calcul.

Les milieux anisotropes, ce qui est le cas des dépôts plasma, peuvent être traités en choisissant des images de référence pour chaque direction principale.

Les faiblesses de la méthode de reconstruction stochastique par le schéma du recuit simulé sont les suivantes :

1. Sa nature aléatoire en raison du tirage aléatoire des voxels.
2. Des paramètres de contrôles empiriques.
3. Une connectivité de la phase reconstruite qui diminue avec la fraction volumique de cette phase.

Bibliographie du chapitre II

[1] S. Torquato, Random Heterogeneous Materials : Microstructure and Microscopic Properties (Springer-Verlag, New York, 2002).

[2] Ion Tiseanu, Teddy Craciunescu, Bogdan N. Mandache, Non-destructive analysis of miniaturized fusion materials samples and irradiation capsules by X-ray micro-tomography, fus. Eng. And Des. (2005).

[3] A. Sakellariou, T.J. Sawkins, T.J. Senden, A. Limaye, X-ray tomography for mesoscale physics applications, physica A 339 (2004) 152-158.

[4] B. Wunsch and N. Chawla, Serial Sectioning for 3D Visualization and Modeling of SiC Particle Reinforced Aluminum Composites, Paper Contest Winner 2003 Undergraduate Division, Arizona State University.

[5] Yougseuk Keehm, Tapan Mukerji and Amos Nur, Permeability prediction from thin sections: 3D reconstruction and lattice-Boltzmann flow simulation.

[6] Parviz Soroushian, Mohamed Elzafraney, Morphological operations, planer mathematical formulations, and stereological interpretations for automated image analysis of concrete microstructure, Cement & Concrete Composites 27 (2005) 823-833.

[7] Asim Tewari, Arun M. Gokhale, Estimation of three-dimensional grain size distribution from microstructural serial sections, Materials Characterization 46 (2001) 329-335.

[8] S.G. Lee, A. M. Gokhale, A. Sreeranganathan, Reconstruction and visualization of complex 3D pore morphologies in a high-pressure die-cast magnesium alloy, Materials Sci. Eng. A 427 (2006) 92-98.

[9] Soon Gi Lee and Arun M. Gokhale, Visualization of three-dimensional pore morphologies in a high-presuure die-cast Mg-Al-RE alloy, Scripta Materialia 56 (2007) 501-504.

[10] Nefla Jennene, Synthèse et caractérisation microstructurale de nouveau oxyfluorures d'élément à doublet électronique non partagé (Ti4+, I5+). Thèse soutenue le 22 juin 2009, SPCTS limoges.

[11] Sandra Spagnol, Transferts conductifs dans des aérogels de silice, du milieu nanoporeux autosimilaire aux empilements granulaires, Thèse soutenue le 15 novembre 2007, INSA Toulouse.

[12] D. He, N.N. Ekere, L. Cai, Computer simulation of random packing of unequal particles, Physical Review E 60 (1999) 7098–7104.

[13] Riyadh Al-Raoush, Mustafa Alsaleh, Simulation of random packing of polydisperse particles, Powder Technology 176 (2007) 47–55.

[14] Clayton Deutsch and André Journel, GSLIB: Geostatistical Software Library and User's Guide, Second Edition, Oxford University Press 1998.

[15] C. L. Y. Yeong and S. Torquato, Reconstructing random media II. Three-dimensional media from two-dimensional cuts, Phys. Rev. E Vol. 58 (1998) 224-233.

[16] http://fr.wikipedia.org/wiki/Tomographie .

[17] M. N. Rahaman, Ceramic Processing and Sintering, second edition, Taylor & Francis Group © 2003.

[18] C. L. Y. Yeong and S. Torquato, Reconstructing random media, Phys. Rev. E Vol. 57 (1998) 495-506.

[19] D. Cule and S. Torquato, Generating random media from limited microstructural information via stochastic optimization, J. App. Phys. Vol. 86 (1999) 3428-3437.

[20] Marcus Johanson, Image Registration with Simulated Annealing and Genetic Algorithms, Master Thesis in Computer science at the school of Computer Science and Engineering, Royal Institute of Technology in Stockholm, Sweden (2006).

[21] Numerical Recipes in C: The Art of Scientific Computing (ISBN 0-521-43108-5). Copyright (C) 1992 by Cambridge University Press.

[22] John C. Russ, Robert T. Dehoff, Practical Stereology 2nd edition. *Plenum Press, New York, NY ISBN 0-306-46476-4.*

[23] Metropolis N., Rosenbluth A., Rosenbluth M., Teller A., Teller E., Equation of state calculations by fast computing machines, J. Chem. Phys. 21, (1953) 1087– 1092.

[24] J. Quiblier, A new three-dimensional modelling technique for studying porous media, J. Colloid and interface Sci., vol. 98, 1 (1984) 84-102.

[25] J. Sallès, J.F. Thovert and P.M. Adler, Reconstructed porous media and their application to fluid flow and solute transport, J. Contaminant Hydrology, 13 (1993) 3-22.

[26] Hazlett, R.D., Statistical characterization and stochastic modelling of pore networks in relation to fluid flow, Math. Geol. 29, 801–822 (1997).

[27] Anthony P. Roberts, Statistical reconstruction of three-dimensional porous media from two-dimensional images, Phys. Rev. E Vol. 56 (1997) 3203 (10).

[28] C. Manwart, S. Torquato, R. Hilfer, Stochastic reconstruction of sandstones, Phys. Rev. E Vol. 62 (2000) 893-899.

[29] Y. Suzue, N. Shikazono, N. Kasagi. Micro modelling of solid oxide fuel cell anode based on stochastic reconstruction. J. Power Sources 184 (2008) 52-59.

[30] M. S. Talukdar, O. Torsaeter. Reconstruction of chalk pore networks from 2D backscatter electron micrographs using a simulated annealing technique. J. Petroleum Sci. and Eng. 33 (2002) 265-282.

[31] M. S. Talukdar, O. Torsaeter and M.A. Ioannidis. Stochastic Reconstruction of Particulate Media from Two-Dimensional Images. Journal of Colloid and Interface Science 248 (2002) 419–428.

[32] M.S. Talukdar, O. Torsaeter, M.A. Ioannidis and J.J. Howard. Stochastic reconstruction, 3D characterization and network modeling of chalk. J. Petroleum Sci. and Eng. 35 (2002) 1-21.

[33] P. Čapek, V. Hejtmánek, L. Brabec, A. Zikánová, M. Kočiřík, Stochastic reconstruction of particulate media using simulated annealing: Improving pore connectivity, Transp. Porous Med. (2008).

[34] Pavel Čapek, Vladimír Hejtmánek, Libor. Brabec, Arlette Zikánová, Milan Kočiřík, Effective diffusivities of gases in a reconstructed porous body, Chem. Eng. Res. And Design (2008) 713-722.

[35] Y. Jiao, F. Stillinger and S. Torquato, Modeling Heterogeneous Materials via Two-Point Correlation Functions : Basic principles, Phys. Rev. E Vol. 76 (2007) 031110 (15).

[36] X. Zhao, J. Yao, Y. Yi, A new stochastic method of reconstructing porous media, Transp. Porous Med. (2007) 69; 1-11.

[37] Y. Jiao, F. Stillinger and S. Torquato, Modeling Heterogeneous Materials via Two-Point Correlation Functions. II Algorithmic details and applications, Phys. Rev. E Vol. 77 (2008) 031135 (15).

[38] Fu Zhao, Heather R. Landis, and Steven J. Skerlos, Modeling of Porous Filter Permeability via Image-Based Stochastic Reconstruction of Spatial Porosity Correlations, Environ. Sci. Technol. Vol. 39 (2005) 239-247.

[39] H. Kumar, C.L. Briant, W.A. Curtin, Using microstructure reconstruction to model mechanical behavior in complex microstructures, Mechanics of Materials 38 (2006) 818-832.

[40] Naitali B., Elaboration, caractérisation et modélisation de matériaux poreux. Influence de la structure poreuse sur la conductivité thermique effective, Thèse soutenue à Limoges-France (2005).

[41] David A. Coker and Salvatore Torquato, Extraction of morphological quantities from a digitized medium, J. Appl. Phys. 77 (1995) 6087-6099.

[42] M. G. Politis, E. S. Kikkinides, M. E. Kainourgiakis, A. K. Stubos, A hyprid process-based reconstruction method of porous media, Microporous and Mesoporous Materials 110 (2008) 92-99.

[43] http://en.wikipedia.org/wiki/Simulated_annealing .

[44] http://fr.wikipedia.org/wiki/Recuit_simul%C3%A9 .

[45] ASM Handbook, Volume 4, Heat Treating Copyright © 1991 by ASM International, USA.

[46] R. E. Smallman, R. J. Bishop, Modern Physical Metallurgy and Materials Engineering: Science, process, applications, 6th Edition Butterworth-Heinemann © 1999, ISBN 0 7506 4564 4.

[47] http://en.wikipedia.org/wiki/Boltzmann_distribution .

[48] M. R. Arab, J. P. Lecompte, B. Pateyron, N. Calvé, M. El Ganaoui, J. C. Labbe, Reconstruction stochastique tridimensionnelle d'un matériau céramique, Premier Colloque Francophone sur les Matériaux, les Procédés et l'environnement à Bușteni-Roumanie, 31 Mai -6 Juin 2009.

[49] le logiciel SciLab de sources ouvertes. Pour plus d'information, on recommande la visite de son site : http://www.scilab.org/ .

[50] Raed Bourisli, Cellular Automata Methods in Fluid Flow: An Investigation of the Lattice Gas Method and the Lattice Boltzmann Method. Final report. Belgique (2003).

[51] Image Processing and Analysis in Java, logiciel en libre téléchargement sur le site http://rsbweb.nih.gov/ij/ .

III. Méthode de Boltzmann sur réseau et modélisation numérique

III.1. Introduction

L'investissement fait pour la simulation et modélisation 3D des matériaux est justifié par la difficulté des mesures directes délicates, toujours onéreuses et parfois impossibles, et en contre partie par la croissance de performance des outils informatiques qui permettent des résolutions fiables. En outre la simulation, permet de comprendre le rôle des paramètres étudiés. Les méthodes d'évaluation par simulation sont donc attrayantes.

La résolution des problèmes en mécanique de fluides (i.e. les équations aux dérivées partielles) est fondée sur des schémas de différences finis (DF) [1], d'éléments finis (EF) [2] et de volumes finis (VF) [3]. Il s'agit d'une discrétisation spatiale et temporelle des équations macroscopiques telles que l'équation de Navier-Stokes. Ces méthodes sont efficaces mais leur inconvénient principal est la mise en œuvre des conditions aux limites quand le problème à résoudre devient complexe.

La méthode de Boltzmann sur réseau (BR), [en anglais *Lattice Boltzmann Method* (LBM)] est une méthode mésoscopique pour décrire la dynamiques des fluides et modéliser la physique de fluide dont le principe est la résolution de l'équation de Boltzmann sous forme discrétisée [4] à l'échelle microscopique afin d'obtenir une solution à l'échelle macroscopique. Youngseuk Keehm [5] explique ce concept en Figure III–1. Le schéma en Figure III–2 regroupe les différentes méthodes utilisées pour la simulation d'un écoulement.

Dans cette méthode, le fluide est traité comme un ensemble des particules se déplaçant selon des règles simplifiées dans un réseau composé de nœuds solides et fluides. Pendant un pas de temps, les particules se propagent vers les nœuds de voisinage et échangent leur quantité de mouvement pendant la collision. A chaque pas de temps l'application de forces externes au fluide, peut être prise en compte s'il y a lieu, ainsi que les différentes conditions aux limites.

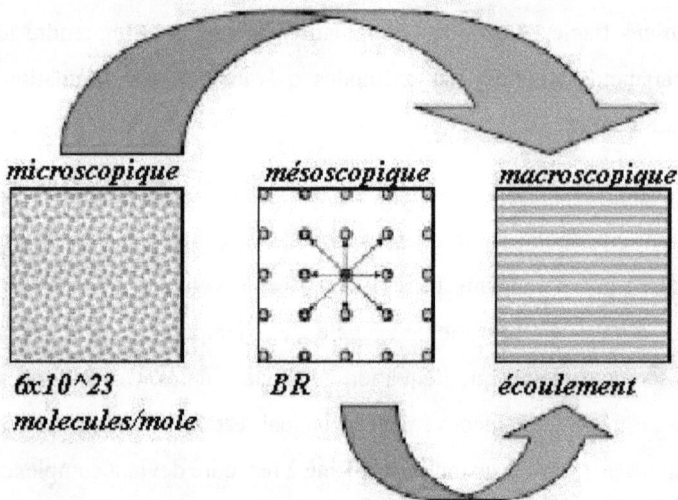

Figure III–1 : Position de la méthode BR dans les différentes échelles d'études (Selon [5]).

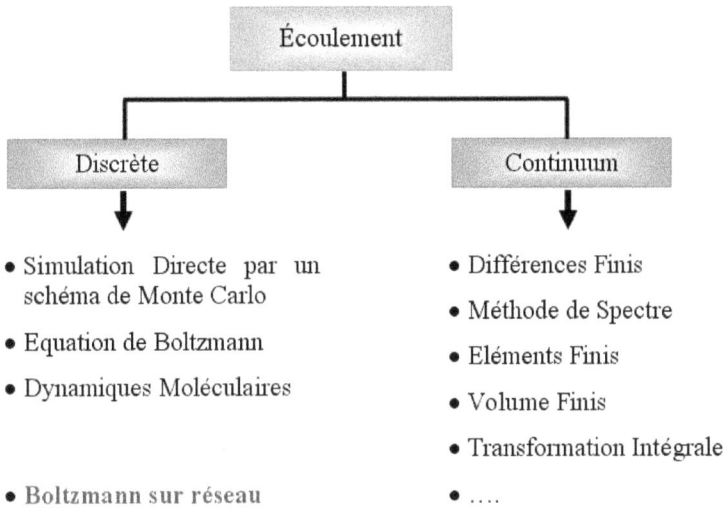

```
                    ┌─────────────────┐
                    │   Écoulement    │
                    └─────────────────┘
              ┌───────────┴───────────┐
     ┌─────────────┐           ┌─────────────┐
     │   Discrète  │           │  Continuum  │
     └─────────────┘           └─────────────┘
            ↓                         ↓
```

- Simulation Directe par un schéma de Monte Carlo
- Equation de Boltzmann
- Dynamiques Moléculaires

- Boltzmann sur réseau

- Différences Finis
- Méthode de Spectre
- Eléments Finis
- Volume Finis
- Transformation Intégrale
- ….

Figure III–2 : Classification des méthodes de simulation d'un écoulement (d'après [6]).

Ce schéma numérique alternatif pour la simulation de l'écoulement de fluide est d'importance particulière dans un média poreux avec des conditions aux limites de géométrie complexe. Cette représentation a montré son efficacité à décrire un écoulement fluide, particulièrement dans le domaine d'écoulements classiques de fluides et dans les géométries complexes et les milieux poreux [4, 7, 8]. Elle a retenu l'attention des mécaniciens des fluides pour la simulation d'écoulements [9, 10, 11]. Elle a l'avantage d'être parallélisable [12, 13, 14] et d'utiliser des expressions simples pour décrire les conditions aux limites, ce qui permet d'envisager le cas des milieux poreux obtenus par frittage ou déposés par projection en jets plasmas thermiques. La méthode est aussi exploitée pour la résolution de l'équation d'énergie [15, 16, 17] en utilisant l'analogie entre la concentration des espèces et la température. La Figure III–3 montre une statistique élaborée à partir du site www.sciencedirect.com pour les publications et les domaines d'intérêt des chercheurs qui utilise cette méthode.

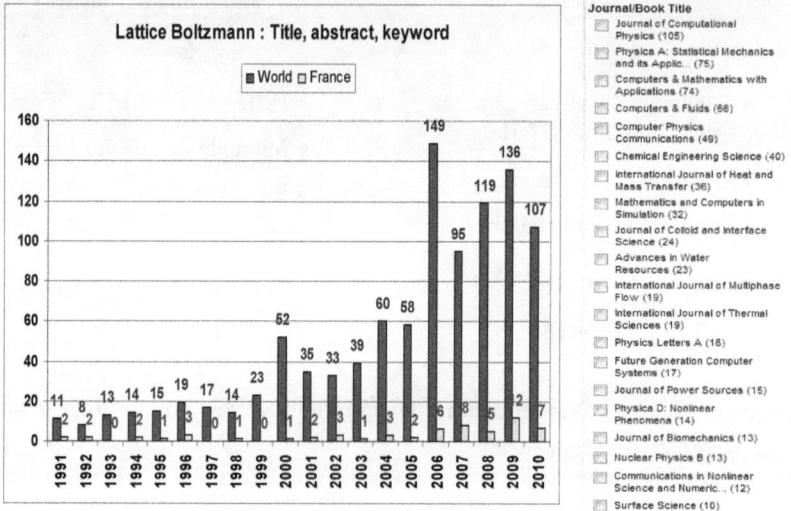

Figure III–3 : Statistique extraite du site www.sciencedirect.com au mois d'avril 2010 sur le nombre de publications sur la méthode ainsi que le domaine d'application.

Dans ce chapitre, la méthode BR sera présentée en détail et comparée à des schémas connus. L'application des différents types de condition aux limites est également présentée.

III.2. Origine de la méthode Boltzmann-sur-réseau

Cette méthode dérive de la méthode Gaz sur réseau (GR) (en anglais Lattice Gas Automata (LGA)), appelée aussi Automates cellulaires [18] détaillée dans la référence [19]. L'exploitation d'un schéma ainsi discrétisé remonte à 1976, quand Hardy et al. [20] ont étudié les propriétés de transport des fluides. La méthode BR peut aussi être conçue comme un schéma particulier de différences finies pour l'équation cinétique de la fonction de distribution de vitesse-discrétisée [21]. Récemment, BR est aussi dérivée directement de l'équation de Boltzmann [22, 23] à l'aide du développement de Chapman-Enskog.

III.2.1. Schéma Gaz sur réseau

A son apparition, en 1973 [18], cette méthode avait pour but de disposer d'un simulateur de programmation sur ordinateur, le plus simple possible, afin de représenter les écoulements fluides.

Dans le schéma général, l'espace des phases est discrétisé par un réseau nœuds. De même l'espace des vitesses est discrétisé par un certain nombre de vecteurs vitesse (selon le modèle choisi). Il y a 0 ou 1 particule au nœud déplacée dans la direction du réseau. Après un pas de temps, chaque particule se déplace vers le nœud voisin dans la direction de propagation. Si plusieurs particules, venant de différentes directions, se rencontrent au même nœud elles se heurtent et changent leurs directions selon des règles de collision [4, 24] en sorte qu'elles conservent leur masse, leur quantité de mouvement et leur énergie après la collision, voir Figure III–4. L'équation générale du schéma s'écrit :

$$n_j(x_i + c_j, t + 1) = n_j(x_i, t) + C_j(n_k) \qquad \text{(Eq. III-1)}$$

où $n_j(x_i, t)$ est le nombre de particules de vitesse c_j au nœud x_i à l'instant t. Le terme C_j désigne le terme de collision.

Ce schéma souffre essentiellement du non-respect de l'invariance Galiléenne à savoir " les lois de la Physique sont identiques (on dit covariantes) dans tous les référentiels en translation uniforme les uns par rapport aux autres ", et d'un bruit statistique dû à la nature booléenne de la méthode. La raison principale de la transition de l'algorithme de Gaz sur Réseau à celui de Boltzmann sur Réseau est l'élimination du bruit statistique en remplaçant les tirages de particules booléenne dans une direction par une fonction de distribution moyenne, et les règles de collision par un opérateur de collision.

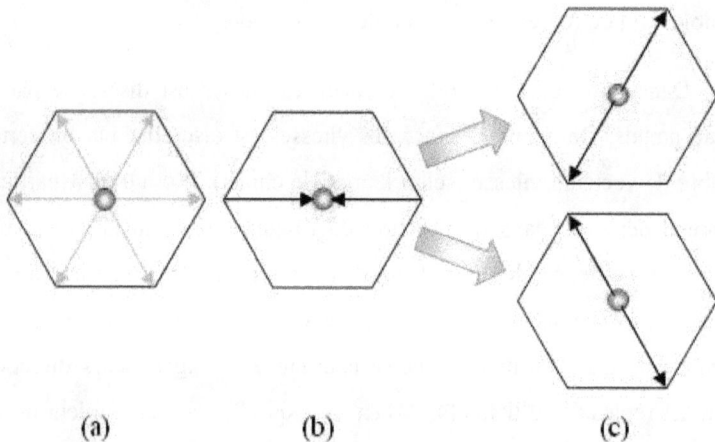

(a)   (b)   (c)

Figure III–4 : (a) Réseau hexagone de Frisch-Hasslacher-Pomeau (FHP), (b) exemple de pré-collision et (c) post-collision possible.

III.2.2. Equation de Boltzmann

En 1872, Ludwig Boltzmann, un physicien autrichien, a proposé une équation intégro-différentielle de la théorie cinétique des gaz pour décrire l'évolution d'un gaz peu dense hors équilibre [25]. Cette équation de physique statistique décrit le comportement du gaz à l'échelle microscopique. Elle introduit une fonction pour décrire l'état du gaz par la définition de la position et la vitesse de chaque molécule dans le gaz. Le problème de cette approche, au niveau du calcul numérique, est la capacité de mémoire requise. Par exemple pour le cas de l'air (il contient $2,7.10^{19}$ mol/cm^3), ce qui conduit aussi à l'instabilité de la solution [26]. L'écriture de l'équation de Boltzmann est fondée sur trois approximations :

- Les collisions entre les particules sont binaires. Cette hypothèse limite l'application de l'équation au cas des gaz dilués.
- Les particules sont considérées comme des points, et donc les vitesses, avant et après la collision, ne sont pas corrélées.
- Il n'y a pas d'influence des forces externes lors de la collision.

Selon la théorie cinétique des gaz, et en l'absence de forces externes, l'évolution de la distribution de la quantité de mouvement d'une seule particule dans un fluide suit l'équation de Boltzmann :

$$\frac{\partial f}{\partial t} + \vec{c}\,\frac{\partial f}{\partial x} = \Omega(f) \qquad\qquad \text{(Eq. III-2)}$$

où f est la fonction de distribution, $\vec{c}$ est la vitesse macroscopique, et l'opérateur $\Omega(f)$ prend en charge les interactions entre les particules, *i.e.* les collisions.

L'équation de Boltzmann a les propriétés suivantes :
- L'équation d'évolution spatio-temporelle est discrétisée.
- Les équations de conservation sont discrétisées.
- Une fonction de distribution à l'équilibre conduit aux équations de Navier-Stokes.

III.3. Méthode de Boltzmann sur réseau

III.3.1. Boltzmann sur réseau de l'équation de Boltzmann

La méthode BR est fondée sur la fonction de la distribution $f(x,e,t)$ qui exprime la probabilité de trouver une particule du fluide de vitesse e, à la position x à l'instant t.

L'équation discrétisée de Boltzmann sur réseau est écrite dans l'approximation « Bhatnagar-Gross-Krook » (BGK) [22], appelée aussi (BGK-W) « Bhatnagar-Gross-Krook »-« Welander » [27] :

$$f_i(x+\Delta x e_i, t+\Delta t) - f_i(x,t) = \Omega_i(x,t) \qquad \text{(Eq. III-3)}$$

où, $\Omega_i(x,t)$ est le terme de collision, linéarisé autour d'un état d'équilibre, qui représente la variation de la fonction de distribution due aux collisions entre les particules :

$$\Omega_i(x,t) = -\frac{1}{\tau}\left(f_i(x,t) - f_i^{eq}(x,t)\right) \qquad \text{(Eq. III-4)}$$

$f_i^{eq}(x,t)$ est la fonction de distribution à l'équilibre définie par la forme générale de la distribution de Boltzmann-Maxwell [28] afin de produire le comportement voulu du fluide :

$$f^{eq} \equiv \frac{\rho}{(2\pi RT)^{D/2}}\exp\left(-\frac{(e-u)^2}{2RT}\right) \qquad \text{(Eq. III-5)}$$

où, R la constante du gaz parfait (J.mole^{-1}.K^{-1}), T la température (K) qui est constante dans cette approximation, ρ la masse volumique (kg.m^{-3}), u la vitesse macroscopique (m.s^{-1}) et D la dimension de l'espace.

τ est le temps de relaxation "adimensionnel" relatif à la collision. La valeur de ce temps dépend en principe de propriétés du fluide mais dans cette approximation elle a une seule valeur. L'équation Eq. III-3 s'écrit:

$$f_i(x + \Delta x e_i, t + \Delta t) = f_i(x,t) - \frac{1}{\tau}\left(f_i(x,t) - f_i^{eq}(x,t)\right) \qquad \text{(Eq. III-6)}$$

Pour un pas de temps Δt et un espacement entre les nœuds Δx la vitesse en réseau d'une population peut être évaluée par :

$$c_i = e_i \frac{\Delta x}{\Delta t} \qquad \text{(Eq. III-7)}$$

e_i est le vecteur d'unité en réseau.

III.3.2. De la micro dynamique à l'hydrodynamique macroscopique

Les quantités hydrodynamiques comme la masse volumique du fluide, la vitesse macroscopique et l'énergie interne sont évaluées par la fonction de distribution $f_i(x,t)$:

$$\rho = \int f_i(x,t)d\bar{c} \qquad \text{(Eq. III-8)}$$

$$\rho\bar{u} = \int \bar{c}f_i(x,t)d\bar{c} \qquad \text{(Eq. III-9)}$$

$$\rho\varepsilon = \int \frac{1}{2}(\bar{c} - \bar{u})f_i(x,t)d\bar{c} \qquad \text{(Eq. III-10)}$$

ici $\varepsilon = \frac{D}{2}T$.

En fait, l'équation discrétisée de Boltzmann sur réseau est une équation partielle différentielle qui peut remplacer l'équation de Navier-

Stokes dans le domaine de dynamiques de calcul du fluide [en anglais *Computational Fluid Dynamics* (CFD)]. Pour rétablir la solution de l'équation de Navier-Stokes, les quantités hydrodynamiques, comme la masse volumique du fluide et la vitesse macroscopique, sont évaluées à chaque nœud par les fonctions de la distribution $f_i(x,t)$. Eq. III-8 et Eq. III-9 peuvent être exprimées pour des vitesses discrètes de la façon suivante [22] :

$$\rho(x,t) = \sum_i f_i(x,t) = \sum_i f_i^{eq} \qquad \text{(Eq. III-11)}$$

$$\rho(x,t)u(x,t) = \sum_i e_i f_i(x,t) = \sum_i e_i f_i^{eq} \qquad \text{(Eq. III-12)}$$

III.3.3. Modèles BR isothermes

Les schémas DdQq, fondés sur l'approximation de BGK avec un seul temps de relaxation, sont les schémas les plus répandus. Il y a aussi le schéma avec des temps de relaxation multiples MRT [29].

III.3.3.1. Modèles à un seul temps de relaxation

Les modèles DdQq sont fondés sur le schéma BGK. Ces modèles dépendent de la nature du domaine étudié (1D, 2D ou 3D) avec ou sans particule de repos au nœud.

III.3.3.1.1. Modèle monodimensionnel

La Figure III–5 illustre le réseau utilisé pour la description du modèle D1Q3 avec un nœud rattaché à deux voisins. Les vecteurs de vitesse de ce modèle sont donnés par $e_0 = (0,0)c$, $e_1 = (1,0)c$ et $e_2 = (-1,0)c$. Les poids nodaux sont $w_0 = \frac{2}{3}$, $w_{1,2} = \frac{1}{6}$.

On parle du modèle D1Q2 quand la particule (0) au repos n'est pas considérée.

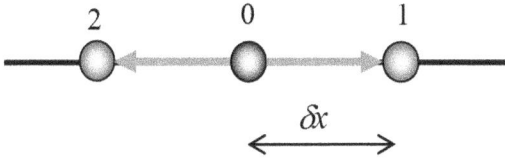

Figure III–5 : Réseau du modèle D1Q3.

III.3.3.1.2. Modèle bidimensionnel

En deux dimensions, le modèle BGK-D2Q9, avec huit voisins (liens) par nœud, est le plus usuel. Un réseau orthogonal est considéré avec huit populations mobiles (en mouvement) $f_i : i = 1,....,8$ et une population en repos f_0.

Dans un tel modèle, chaque particule, représentée par un nœud, a huit possibilités de propagation comme le montre la Figure III–6. Les vecteurs de vitesse n'ont pas le même poids (masse) et pour un modèle isotrope: $w_0 = \frac{4}{9}$, $w_{1,2,3,4} = \frac{1}{9}$ et $w_{5,6,7,8} = \frac{1}{36}$. Ces constantes sont choisies de manière à conserver l'isotropie du réseau [12] :

$$\sum w_i = 1 \qquad \qquad \text{(Eq. III-13)}$$

Les poids nodaux remplissent cette relation pour tous les types de réseau.

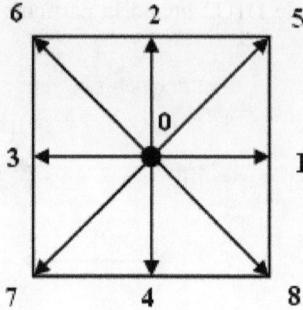

Figure III–6 : Réseau du modèle D2Q9.

Les vecteurs de vitesse de ce modèle sont donnés par :

$$e_i = \begin{cases} (0,0)c & i = 0 \\ (\pm 1,0), (0,\pm 1)c & i = 1,2,3,4 \\ (\pm 1,\pm 1)c & i = 5,6,7,8 \end{cases} \qquad \text{(Eq. III-14)}$$

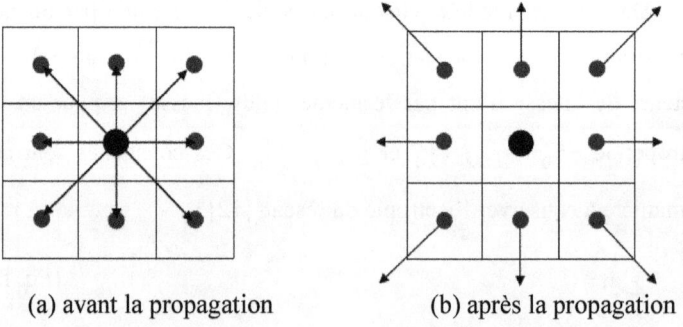

(a) avant la propagation   (b) après la propagation

Figure III–7 : Nœud du réseau D2Q9 avec ces vecteurs de propagation.

La Figure III–7 montre un nœud avec ces vecteurs avant et après la propagation. La Figure III–8 montre quatre nœuds avant et après la propagation. D'autres modèles bidimensionnels sont présentés dans le

Tableau III–1. Il y a aussi le modèle D2Q7 (ou D2Q6) qui nécessite un réseau hexagonal ressemble au réseau présenté en Figure III–4.

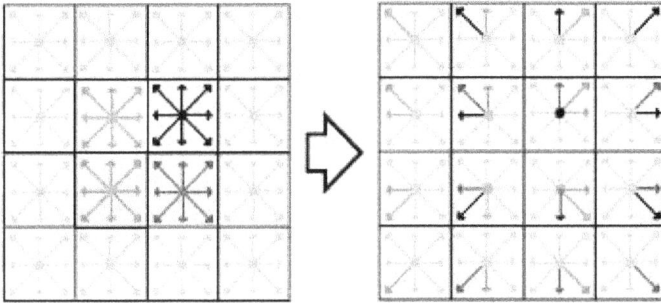

Figure III–8 : Quatre nœuds différents : (gauche) avant la propagation et après la collision (pas de temps *t*) et (droite) après la propagation (temps *t*+1) imaginés par Nils [26].

Equilibre local

Le choix de la fonction f^{eq} dépend du modèle. Ici cette fonction pour un modèle D2Q9 compressible [30] est donnée pour chaque direction par la relation :

$$f_i^{eq} = w_i \rho \left[1 + \frac{e_i.u}{c_s^2} + \frac{(e_i.u)^2}{2c_s^4} - \frac{u.u}{2c_s^2} \right]$$ (Eq. III-15)

où, $c_s = 1/\sqrt{3}$ est la célérité adimensionnelle du son en réseau. La viscosité du fluide simulé en réseau est donnée par l'expression :

$$\upsilon = c_s^2 \left(\tau - \frac{1}{2} \right) \frac{\Delta x^2}{\Delta t}$$ (Eq. III-16)

En fait, la valeur de τ est limitée par la condition :

$$\tau \in \left]0.5:2\right[\qquad\qquad\qquad\qquad \text{(Eq. III-17)}$$

Tableau III–1 : Modèles D2Qq en réseau orthogonal

Modèles	Vecteurs considérés (voir Figure III–6)
D2Q4	f_1, f_2, f_3, f_4
D2Q5	f_0, f_1, f_2, f_3, f_4
D2Q8	$f_1, f_2, f_3, f_4, f_5, f_6, f_7, f_8$

La fluctuation de la masse volumique autour de sa valeur moyenne donne l'estimation de la pression du fluide $P(\bar{x},t)$ selon l'équation de l'état pour les gaz parfaits :

$$P(\bar{x},t) = c_s^2 \left(\rho(\bar{x},t) - \langle \rho \rangle \right) \qquad\qquad \text{(Eq. III-18)}$$

ce qui est considéré comme un avantage important de cette méthode car il n'est pas nécessaire de résoudre l'équation de Poisson, procédure qui engendre des difficultés numériques [8].

Pour le modèle incompressible, l'équation Eq III-15 s'écrit :

$$f_i^{eq} = w_i \left[\rho + \rho_0 \left(\frac{e_i.u}{c_s^2} + \frac{(e_i.u)^2}{2c_s^4} - \frac{u.u}{2c_s^2} \right) \right] \qquad \text{(Eq. III-19)}$$

III.3.3.1.3. Modèle BR tridimensionnel

Le modèle D3Q19 est utilisé pour les simulations BR en 3D. Dans ce modèle, chaque nœud est connecté à six voisins de premier ordre et douze voisins de deuxième ordre avec une particule en état de repos comme le montre Figure III–9.

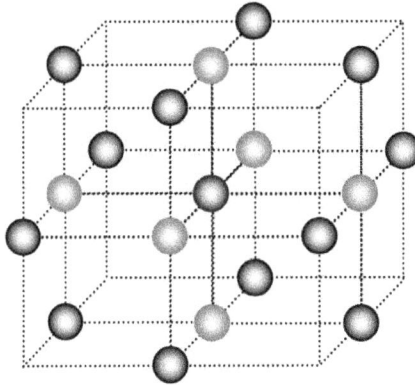

Figure III–9 : Réseau du modèle D3Q19.

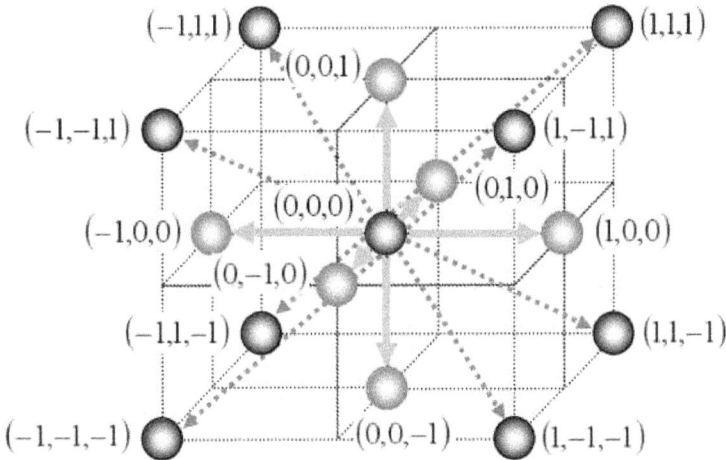

Figure III–10 : Réseau du modèle D3Q15 avec ces vecteurs de vitesse.

Deux autres modèles peuvent être cités : D3Q15 et D3Q27. Le modèle D3Q15, présentée en Figure III–10, génère de l'instabilité numérique et crée des oscillations spatiales dans le cas de simulations d'écoulements turbulents [31], quant à D3Q27, présenté en Figure III–11, il requiert 27 estimations de la fonction de distribution pour chaque nœud de fluide et donc il nécessite beaucoup de temps de calcul et un espace de mémoire important pour le stockage des résultats. En définitive, on peut estimer que le modèle D3Q19 représente un bon compromis entre la fiabilité et l'efficacité de calcul.

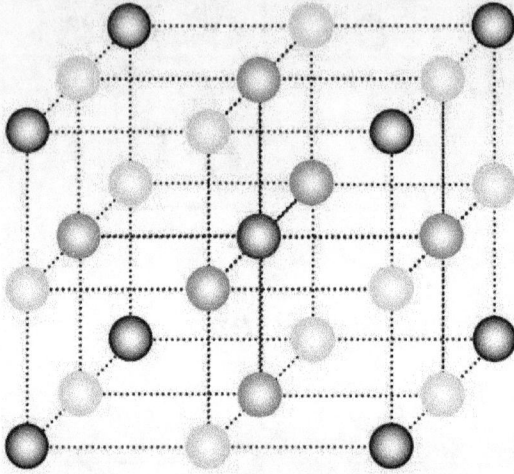

Figure III–11 : Réseau du modèle D3Q27. Ici, ⊙ est le centre du réseau, ⊙ de premier ordre, ⊙ de 2ième ordre et ⊙ de 3ième ordre.

Les poids nodaux pour le modèle D3Q19 se sont donnés par :

$$w_i = \begin{cases} 1/3 & i = 0 \\ 1/18 & i = 1,..,6 \\ 1/36 & i = 7,..,18 \end{cases} \qquad \text{(Eq. III-20)}$$

et les vecteurs de vitesse :

$$e_i = \begin{cases} (0,0,0) & i = 0 \\ (\pm 1,0,0)c, (0,\pm 1,0)c, (0,0,\pm 1)c & i = 1,....6 \\ (\pm 1,\pm 1,0)c, (\pm 1,0,\pm 1)c, (0,\pm 1,\pm 1)c & i = 7,....18 \end{cases} \qquad \text{(Eq. III-21)}$$

La fonction de distribution à l'équilibre est exprimée par la même relation en Eq. III-15. La viscosité cinématique et la pression se sont évaluées par les équations Eq. III-16 et Eq. III-18.

III.3.3.2. Modèle à plusieurs temps de relaxation

Les travaux de Qian, d'Humières et Lallemand [32, 33, 34] et Succi et al. [35] sont à l'origine de ce modèle (En anglais *Multiple-Relaxation-Time* (LB-MRT)), appelé aussi le modèle de d'Humière [18], fondé sur une loi de distribution polynomiale en vitesse pour la fonction de distribution à l'équilibre f^{eq} et un opérateur de relaxation $S_{j,k}$ diagonal. Sans entrer dans le détail, consultable dans les références citées ci-dessus, l'équation générale d'un modèle DdQq s'écrit alors:

$$f_i\left(x + \delta x e_i, t + \delta t\right) - f_i\left(x,t\right) = \Omega_i\left(x,t\right) = -M^{-1}.\hat{S}.\left[m - m^{(eq)}\right]$$
(Eq. III-22)

où M est une matrice de taille $q \times q$ qui transforme en linéaire les fonctions de distribution f aux moments m :

$$m = M.f\,, \qquad f = M^{-1}.m$$
(Eq. III-23)

$\hat{S}$ étant la matrice diagonale de relaxation.

Ainsi la relaxation n'est autre que la relaxation des différents moments. Grâce à l'interprétation physique des moments, leur paramètre de relaxation sera directement liée aux différents coefficients de transport hydrodynamique. Ce mécanisme permet alors de contrôler indépendamment chaque moment au moyen de son paramètre de relaxation. Si l'on prend le même paramètre de relaxation pour tous les moments on retrouve le modèle BGK [18].

III.3.4.   Schéma BR thermique

Les schémas BR ont connu progrès croissant dans le domaine de la simulation des écoulements isothermes et dans les problèmes thermiques. Dans la suite, les propositions faites dans la littérature sont indiquées.

Pour un écoulement monophasique, plusieurs schémas sont proposés que l'on peut placer dans une de deux catégories : les schémas dits « multispeed » [36] qui incluent les dérivées de vitesse d'ordre élevé dans les fonctions de distribution à l'équilibre. Cette approche souffre de problème d'instabilité [37]. Dans les schémas dits « scalaire passif» [38] le champs de la température est passivement affecté par l'écoulement du fluide et peut être simulé comme un composant additionnel du système. Cette approche est choisie pour simuler le transfert thermique dans notre problème.

III.3.4.1.   Modèle BR pour la convection thermique

Il est important de pouvoir simuler simultanément les effets thermiques et l'écoulement de fluide. En fait, la distribution de la température dans un champ d'écoulement est cruciale dans les problèmes de transfert de chaleur. C'est pour cela que le développement d'un modèle thermodynamique apparaît nécessaire.

L'équation Eq III-6 décrit le fluide par un seul paramètre τ qui correspond au temps moyen entre deux collisions successives d'une particule. Dans l'approximation BGK la température est considérée constante et il n'est pas possible de fixer indépendamment la conductivité thermique et la viscosité.

La simulation des effets thermiques n'est pas immédiate et plusieurs propositions sont faites [17, 39, 40]. Les travaux de Yoshino et al. [15] fondés sur l'analogie entre le transfert de masse et le transfert de chaleur ont permis de résoudre l'équation de l'énergie. Un deuxième fluide fictif **B** est donc intégré au modèle. C'est alors la concentration du fluide **B** qui représente la température. Ainsi :

$$g(x+e_i\Delta x,t+\Delta t)-g(x,t)=-\frac{1}{\tau_g}\big(g(x,t)-g^{eq}(x,t)\big)+F_b \qquad \text{(Eq. III-24)}$$

$g(x,t)$ est la fonction de distribution représentative de la température, τ_g est le temps de relaxation thermique, g^{eq} est la fonction de distribution simplifiée à l'équilibre. Elle est définie dans ce travail par l'expression :

$$g_i^{eq}=w_iT\left[1+\frac{e_i.u}{c_s^2}\right] \qquad \text{(Eq. III-25)}$$

ici T est la valeur macroscopique de la température. Le terme F_b représente la force d'Archimède (en anglais *Buoyancy force*) due à la variation de la température qui est définie sous l'approximation de Boussinesq par :

$$F_b=3w_ig\beta\Delta T \qquad \text{(Eq. III-26)}$$

le terme $g\beta$ est déterminé par les nombres adimensionnels de Prandtl et de Rayleigh. La diffusivité thermique est exprimée par la relation :

$$\alpha=\frac{1}{3}\big(\tau_g-0.5\big)c_s^2\Delta t \qquad \text{(Eq. III-27)}$$

Ce modèle est surtout utilisé pour simuler la convection naturelle dans des cavités. Les résultats de validation seront présentés dans le chapitre suivant.

III.3.4.2.   Modèle BR pour la conduction thermique

Pour un modèle D2Q9, He et al. ont proposé pour les populations thermiques une fonction de distribution à l'équilibre de l'énergie interne de la forme discrète suivante [17] :

$$g_0^{eq} = -\frac{\rho\varepsilon}{3}\frac{u^2}{c^2}$$
(Eq. III-28)

$$g_{1,2,3,4}^{eq} = \frac{\rho\varepsilon}{9}\left[\frac{3}{2} + \frac{3}{2}\frac{e_i u}{c^2} + \frac{9}{2}\frac{(e_i u)^2}{c^4} - \frac{3}{2}\frac{u^2}{c^2}\right]$$
(Eq. III-29)

$$g_{5,6,7,8}^{eq} = \frac{\rho\varepsilon}{36}\left[3 + 6\frac{e_i u}{c^2} + \frac{9}{2}\frac{(e_i u)^2}{c^4} - \frac{3}{2}\frac{u^2}{c^2}\right]$$
(Eq. III-30)

Le fait que le transfert de chaleur par conduction est dominant dans les milieux solides permet de réduire ces équations en choisissant une valeur de vitesse macroscopique $u = 0$.

M. Wang et al. ont proposé un modèle simplifié pour simuler le transfert de chaleur par conduction dans un milieu hétérogène [41, 42, 43, 44]. Ce modèle ne prend pas en considération l'effet de l'écoulement sur le champ thermique et il est fondé sur les hypothèses suivantes :

1. Il n'y a pas de convection ni de rayonnement dans le domaine à étudier: cette hypothèse est valide quand la taille des pores est très petite [45].

2. Il n'y a pas de changement de phase : le cas du changement de phase est étudié séparément [38, 46].

3. Il n'y a pas d'effets de résistance thermique de contact [47, 48] entre les surfaces en contact.

Les équations à résoudre pour le problème de transfert de chaleur selon une direction n et sans considération de source de chaleur :

$$\left(\rho c_p\right)_f \left(\frac{\partial T}{\partial n}\right) = \kappa_f \nabla^2 T \qquad\qquad \text{(Eq. III-31)}$$

$$\left(\rho c_p\right)_s \left(\frac{\partial T}{\partial n}\right) = \kappa_s \nabla^2 T \qquad\qquad \text{(Eq. III-32)}$$

où : κ_s, k_f sont les conductivités thermiques de deux phases [W.m^{-2}.K^{-1}], et les indices s, f désignent le solide et la région non solide dans le cas d'un milieu poreux. c_p est la chaleur spécifique à pression constante [J.kg^{-1}.K^{-1}].

Les contraintes de continuité à l'interface solide/fluide (solide1/solide2) imposent :

$$T_s = T_f \qquad\qquad \text{(Eq. III-33)}$$

$$\kappa_s \frac{\partial T}{\partial n} = \kappa_f \frac{\partial T}{\partial n} \qquad\qquad \text{(Eq. III-34)}$$

Pour conserver la continuité au niveau des interfaces le terme ρc_p est maintenu à la même valeur pour les deux phases. Cette hypothèse abaisse le coût de l'application des conditions aux limites qui est imposé par d'autres méthodes (i. e. *CFD*), et elle n'a aucune influence sur les résultats finaux [49].

L'équation de Boltzmann discrétisée a toujours la même forme :

$$g_i\left(x + e_i, t + 1\right) - g_i\left(x, t\right) = -\frac{1}{\tau_g}\left(g_i\left(x, t\right) - g_i^{eq}\left(x, t\right)\right) \qquad\qquad \text{(Eq. III-35)}$$

Cette équation est appliquée pour chaque phase (constituant), cela veut dire qu'il faut définir deux temps de relaxation pour prendre en considération les différentes valeurs de la diffusivité thermique. Dans le cas où le milieu est considéré poreux, il vient :

$$\tau_s = \frac{3}{2} \frac{\kappa_s}{(\rho c_p)_s} \frac{1}{c^2 \Delta t} + \frac{1}{2}$$ (Eq. III-36)

$$\tau_f = \frac{3}{2} \frac{\kappa_s}{(\rho c_p)_f} \frac{1}{c^2 \Delta t} + \frac{1}{2}$$ (Eq. III-37)

Δt est le pas du temps et c est la vitesse de propagation $\Delta x / \Delta t$: Δx est l'espacement entre deux nœuds choisi de manière de garder une valeur pour le temps de relaxation entre]0.5, 2]. La fonction de distribution à l'équilibre définie pour un modèle D2Q9 par :

$$g_0^{eq} = 0$$ (Eq. III-38)

$$g_{1,2,3,4}^{eq} = \frac{1}{6} T$$ (Eq. III-39)

$$g_{5,6,7,8}^{eq} = \frac{1}{12} T$$ (Eq. III-40)

La température locale de chaque nœud :

$$T = \sum_i g_i$$ (Eq. III-41)

et le flux thermique est calculé pour chaque phase :

$$q = \left(\sum_i g_i e_i \right) \frac{\tau_n - 0.5}{\tau_n}$$ (Eq. III-42)

Ce modèle est suivi dans cette thèse, et il est validé dans le chapitre suivant pour les problèmes en régime stationnaire [50].

III.3.4.3. Problème conjugué solide-fluide

Dans certains cas, il faut résoudre le problème du transfert de chaleur par conduction dans le solide et le transfert de chaleur par convection dans le fluide (voir les explications sur le phénomène de transfert de chaleur dans le chapitre suivant).

Supposons qu'un écoulement dans un tube à bords épais, la conduction à travers ces bords n'est pas négligée. La diffusivité thermique du solide est différente de celle du fluide. Une des propositions pour simuler les différents phénomènes dans ce milieu est d'appliquer le rebond pur au niveau de l'interface solide-liquide et de définir un temps de relaxation dans le milieu solide différent de celui du milieu fluide. La continuité semble être assurée à l'interface [27, 51].

III.3.4.4. Modèle BR pour le rayonnement thermique

Le transfert de chaleur par rayonnement est souvent couplé avec la conduction ou bien la convection [52, 53]. Les travaux qui prennent en considération l'effet de rayonnement sont peu nombreux et les schémas BR proposés sont souvent hybrides [54, 55, 56, 57]. Dans cette thèse, le rayonnement n'est pas envisagé.

III.3.4.5. Extension du modèle BR à l'évaluation des propriétés mécaniques

Dans une publication récente [58], M. Wang et N. Pan ont montré que le comportement mécanique lié au module de l'élasticité d'un matériau diphasique est susceptible d'être évalué par la méthode de Boltzmann sur réseau. Dans leur travail, et pour un modèle BR-D2Q9 ils ont exploité les équations Eq. III-35 – Eq. III-42 en remplaçant le terme T par le terme U qui exprime le déplacement ou la déformation linéaire et le terme q par le terme F qui exprime la force ou la contrainte. Enfin, le module de Yong effectif se calcule par l'expression :

$$Eeff = \frac{H \int FdL}{\Delta U \int dL}$$

(Eq. III-43)

où H la largeur du domaine et L sa longueur. Ce modèle est extensible en 3D comme le modèle thermique sur lequel est calqué.

III.4. Conditions aux limites

L'application de conditions aux limites correctes et précises est important car elles modifient les résultats ainsi que la stabilité de la solution [59].

Une des raisons qui ont répandu la méthode de BR sont ses conditions aux limites faciles à appliquer dans les géométries complexes. Plusieurs études sont consacrées aux développements des conditions aux limites qui varient selon la complexité du cas traité de conditions simples pour les géométries simples et les réseaux réguliers [60, 61, 62], jusqu'aux conditions pour les géométries complexes du façon à obtenir plus de précision [63, 64].

Les conditions rencontrées pour traiter les différents cas et géométries sont abordées: la condition de non glissement, la condition des limites périodiques et les conditions d'entrée-sortie de fluide. Ces conditions sont établies pour le cas d'un écoulement isotherme ; ainsi, d'autres conditions seront attendues, quand le sujet du modèle thermique sera abordé.

III.4.1. Condition aux limites périodiques

L'implantation de la condition aux limites « périodiques » [en anglais *Periodic Boundary Conditions* (PBCs)] se fait simplement en permettant aux particules qui quittent le réseau d'un côté d'y rentrer par la frontière de la direction opposée. Figure III–12 illustre l'application de cette condition.

L'avantage de cette condition apparaît dans les problèmes périodiques avec une périodicité connue L dans une direction. Dans ce cas, le calcul peut être fait pour un seul intervalle. L'implémentation de cette condition dans un code numérique est très simple :

If index < 1 then new_index = L

If index > L then new_index = 1

III.4.2. Condition de non glissement

Appelée en anglais « no-slip condition », cette condition imposée aux interfaces solide-fluide ou bien fluide-bords est d'habitude présentée par le schéma dite rebondissement en arrière (en anglais *Bounce-Back rule*), appelé aussi la condition de rebond pur [18]. C'est grâce à ce schéma que les méthodes de BR sont devenues populaires parmi les différents modèles proposés pour la simulation d'écoulements dans un domaine complexe y compris les milieux poreux.

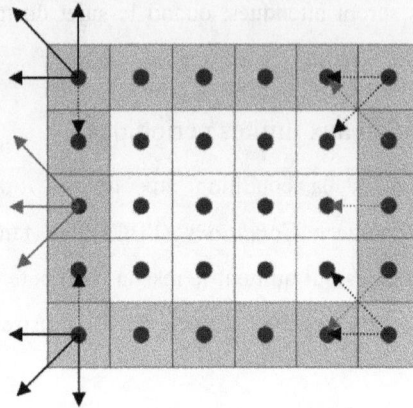

Figure III–12 : Condition périodique appliquée aux bords (les carrés en gris). La flèche continue représente le vecteur lors de sa propagation tandis que la flèche intermittente est son état après la propagation.

Figure III–13 schématise l'application de cette condition. Une fois les nœuds solides sont définis, et après la collision, la particule de la fonction de distribution, qui vient d'un nœud défini comme fluide, rebondit dans la direction opposée, en gardant sa quantité de mouvement, vers son nœud d'origine.

Cette condition se rencontre soit à la surface solide soit à mi-distance entre le nœud solide et celui liquide. La différence entre les deux chemins n'a pas une grande influence sur les résultats, et donc le chemin entier est utilisé. La mise en place de cette condition dans le code du calcul se fait comme suit .

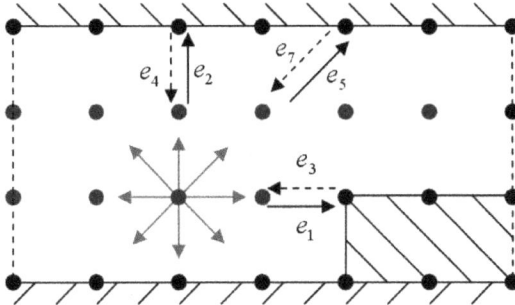

Figure III–13 : Condition de rebond pur. Un disque noir est un obstacle (solide) et le disque gris est un site vide (passage de fluide). Une flèche continue représente l'état de la particule avant la collision, et la flèche intermittente représente l'état de la particule après la collision.

Après l'étape de la collision les nouveaux sites sont vérifiés, et si la fonction f_i se heurte à un nœud défini comme solide ou bien à un bord, elle rebondi vers le site d'origine $f_{i,opp}$ selon la règle générale pour un modèle D2Q9 (voir Figure III–6) :

Lors de la collision	f_0	f_1	f_2	f_3	f_4	f_5	f_6	f_7	f_8
	⇕	⇕	⇕	⇕	⇕	⇕	⇕	⇕	⇕
Après la collision (sens opposé)	f_0	f_3	f_4	f_1	f_2	f_7	f_8	f_5	f_6

L'avantage de cette condition est la simplicité, la facilité d'implémentation et la conservation automatique de masse dans le domaine de calcul. Elle peut traiter n'importe quelle géométrie.

III.4.3. Condition de glissement

Il est, généralement, admis que le mur possède une vitesse de glissement non nulle et donc le schéma de rebond en arrière n'est pas totalement correct. Le schéma de réflexion spéculaire est donc appliqué dans ce cas. Il est expliqué dans la Figure III–14 où :

$$f_{+i} = f_{-i} \tag{Eq. III-44}$$

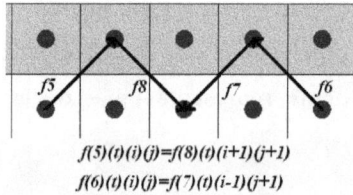

$$f(5)(t)(i)(j) = f(8)(t)(i+1)(j+1)$$
$$f(6)(t)(i)(j) = f(7)(t)(i-1)(j+1)$$

Figure III–14 : Condition de réflexion spéculaire

III.4.4. Conditions entrée/sortie

On peut distinguer à l'entrée ou à la sortie d'un réseau (domaine de calcul) deux types d'écoulements : un écoulement dirigé par un gradient de pression ou par des forces externes, et un écoulement dirigé par une vitesse ou par un flux de matière. Dans la suite, on considère un écoulement isotherme monophasique qui s'étale depuis l'ouest vers l'est et un modèle BR BGK D2Q9. On va en déduire les relations qui permettent de calculer les valeurs de populations inconnues. Figure II–15 schématise le bord et le nœud concerné.

III.4.4.1.   Ecoulement régi par la vitesse

Ce cas constitue la condition de Neumann [65, 66]. Une vitesse est imposée à l'entrée du domaine de calcul ce qui permet de calculer les valeurs des variables inconnues. Ce sont, après l'application de l'étape de propagation, la densité (et donc la pression à travers l'équation de l'état) et les composants f_1, f_5, f_8 résultants de l'application de rebond pur, voir Figure III–15. On a besoin de construire 4 équations pour trouver ces 4 valeurs. Les valeurs des autres composants $f_0, f_2, f_3, f_4, f_6, f_7$ sont connues car ces composants sont venus d'autres nœuds de l'intérieur du réseau.

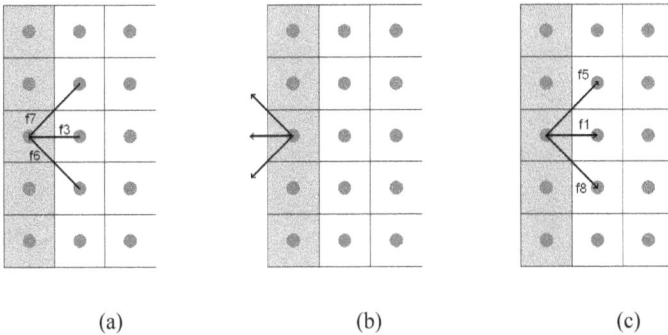

(a)   (b)   (c)

Figure III–15 : Populations inconnues lors de l'application d'une quantité imposée aux bords. (a) avant la propagation et à l'instant $t = t_i$, (b) après la propagation et à l'instant $t = t_i + 1$ et (c) rebondissement en arrière et à l'instant $t = t_i + 1$.

L'application de principe de conservation de masse donne :

$$\rho = f_0 + f_1 + f_2 + f_3 + f_4 + f_5 + f_6 + f_7 + f_8 \qquad \text{(Eq. III-45)}$$

et le principe de la conservation de quantité de mouvement selon les deux directions donne :

$$\rho u_x = f_1 + f_5 + f_8 - f_3 - f_6 - f_7 \qquad \text{(Eq. III-46)}$$

$$\rho u_y = 0 = f_2 + f_5 + f_6 - f_4 - f_7 - f_8 \qquad \text{(Eq. III-47)}$$

ici on considère qu'il n'y a pas de vitesse dans la direction verticale de bord. La 4ème équation est établie à l'aide de la condition de rebondissement en arrière maintenue dans la direction horizontale [60] :

$$f_1 - f_1^{eq} = f_3 - f_3^{eq} \qquad \text{(Eq. III-48)}$$

où la seule valeur inconnue est f_1. La résolution de ces 4 équations donne les relations suivantes :

$$\rho = \frac{f_0 + f_2 + f_4 + 2(f_3 + f_6 + f_7)}{1 - u_x} \qquad \text{(Eq. III-49)}$$

$$f_1 = f_3 + \frac{2}{3}\rho u_x \qquad \text{(Eq. III-50)}$$

$$f_5 = f_7 + \frac{1}{2}(f_4 - f_2) + \frac{1}{6}\rho u_x \qquad \text{(Eq. III-51)}$$

$$f_8 = f_6 + \frac{1}{2}(f_2 - f_4) + \frac{1}{6}\rho u_x \qquad \text{(Eq. III-52)}$$

Les équations (Eq. III-49 - Eq. III-52) seront installées directement dans le code.

III.4.4.2. Ecoulement régi par un gradient de pression

Ce cas constitue la condition de Dirichlet [65, 66]. Un gradient de pression (densité) est maintenu dans le domaine de calcul ce qui permet de calculer les valeurs des variables inconnues. Elles sont, après l'application de l'étape de propagation, la densité (et donc la pression à travers l'équation de l'état) et les composants f_1, f_5, f_8 résultants de l'application de rebond pur, voir Figure III–15. Les équations (Eq. III-49 - Eq. III-52) sont les mêmes, et leur résolution conduit aux relations suivantes :

$$u_x = \rho_{in} - (f_0 + f_2 + f_4 + 2(f_3 + f_6 + f_7))) \qquad \text{(Eq. III-53)}$$

$$f_1 = f_3 + \tfrac{2}{3}u_x \qquad \text{(Eq. III-54)}$$

$$f_5 = f_7 + \tfrac{1}{2}(f_4 - f_2) + \tfrac{1}{6}u_x \qquad \text{(Eq. III-55)}$$

$$f_8 = f_6 + \tfrac{1}{2}(f_2 - f_4) + \tfrac{1}{6}u_x \qquad \text{(Eq. III-56)}$$

Les équations (Eq. III-53 - Eq. III-56) sont installées directement dans le code.

Pour les bords isolés, le flux est zéro et le gradient de la densité est zéro :

$$\frac{\partial \rho}{\partial n} = 0 \qquad \text{(Eq. III-57)}$$

ici n est la normale sur la surface. Cela est fait pour tous les nœuds aux bords admettant que $f(j) = f(j-1)$. Pratiquement cela revient à copier les valeurs de la surface $j-1$ dans la surface j et donc pour chaque nœud :

$$f_{i,j} = f_{i,j-1} \qquad \text{(Eq. III-58)}$$

III.4.4.3. Condition de bords ouverts

Cette condition est relative aux conditions appliquées à l'entrée et à la sortie d'un domaine. Par extrapolation [67], pour le cas des nœuds à l'ouest :

$$f_{3,i,j} = 2f_{3,i+1,j} - f_{3,i+2,j} \qquad \text{(Eq. III-59)}$$

$$f_{6,i,j} = 2f_{6,i+1,j-1} - f_{6,i+2,j-2} \qquad \text{(Eq. III-60)}$$

$$f_{7,i,j} = 2f_{7,i+1,j+1} - f_{7,i+2,j+2} \qquad \text{(Eq. III-61)}$$

III.4.4.4. Application d'une force externe

Les forces externes, y compris la force de pesanteur (gravité), peuvent être introduites dans un modèle BR soit pour modifier les valeurs de fonctions de distribution lors de l'étape de collision en ajoutant un terme source dans chaque direction [68], soit par modifier la valeur de vitesse macroscopique $\vec{u}$ calculée à chaque nœud [66] :

$$\vec{u}_{\text{mod}} = \vec{u} + \tau\vec{F} \qquad \text{(Eq. III-62)}$$

où $\vec{F}$ représente la ou les forces appliquées. La modification des valeurs de vitesse macroscopique engendre la modification des valeurs f^{eq}. Cette voie se programme dans le code en ajoutant à la vitesse macroscopique calculée par Eq. III-12 la valeur adimensionnelle qui correspond à cette force.

III.4.5. Conditions aux limites thermiques

Peu de travaux ont utilisé les conditions aux limites conjuguées [40, 54, 55]. Le plupart des études considèrent que la température est constante ou que le flux thermique est constant [16]. Ici, des conditions les plus simples sont appliquées. Deux types de conditions aux limites sont discutés : température constante imposée à l'entrée et à la sortie du domaine avec $T_1 > T_2$, et surfaces adiabatiques.

III.4.5.1.   Température imposée

Au niveau du réseau, et toujours en référence à la Figure III–15, on applique le principe du rebond arrière :

$$g_{+i} - g_{+i}^{eq} = -\left(g_{-i} - g_{-i}^{eq}\right) \qquad \text{(Eq. III-63)}$$

la population g_1 est une quantité inconnue :

$$g_1 - g_1^{eq} = -\left(g_3 - g_3^{eq}\right) \qquad \text{(Eq. III-64)}$$

$$\Rightarrow g_1 = \frac{1}{3}T_w - g_3 \qquad \text{(Eq. III-65)}$$

où T_w est la température locale à la surface. De la même façon, les quantités g_5 et g_8 sont calculées :

$$g_5 = \frac{1}{6}T_w - g_7 \qquad \text{(Eq. III-66)}$$

$$g_8 = \frac{1}{6}T_w - g_6 \qquad \text{(Eq. III-67)}$$

Le schéma du rebond pur des populations qui ne sont pas à l'équilibre est utile, et peut être exploité en conditions aux limites thermiques.

III.4.5.2.   Condition de bords adiabatiques

Un bord adiabatique signifie qu'il n'y a pas de transfert de chaleur par conduction dans la direction normale à travers ce bord. On applique le principe en Eq. III-58 simultanément avec la condition de réflexion spéculaire (Eq. III-44) :

$$\sum flux_i = 0 \qquad\qquad \text{(Eq. III-68)}$$

III.5. De valeurs microscopiques aux valeurs physiques

Dans la méthode mésoscopique BR, les valeurs utilisées pour la simulation sont adimensionnelles, et pour rétablir les valeurs physiques réelles quelques paramètres sont indispensables [69] :

- $\Delta x = L/N - 1$ est la valeur référence de l'espace entre deux nœuds (en mètres). L étant la longueur référence du cas étudié (en mètres) et N est le nombre de nœuds au réseau.

- $\Delta t = (c_s/c_s')\Delta x$ est la valeur référence du pas de temps entre deux itérations (en secondes).

- Δm est la valeur référence de masse (en kilogrammes).

Ainsi, les autres valeurs peuvent être en déduites à partir de ces trois valeurs références [70].

$$\rho' = (\rho \Delta m)/\Delta x^3 \qquad\qquad \text{(Eq. III-69)}$$

$$u' = u(\Delta x/\Delta t) \qquad\qquad \text{(Eq. III-70)}$$

$$\upsilon' = \upsilon(\Delta x^2/\Delta t) \qquad\qquad \text{(Eq. III-71)}$$

$$\Delta p' = (\Delta p \Delta m)/(\Delta x \Delta t^2) \qquad\qquad \text{(Eq. III-72)}$$

Les variables $\rho', u', \upsilon', \Delta p'$ expriment les valeurs réelles de la masse volumique, la vitesse, la viscosité cinématique et la pression, respectivement. Le choix d'un fluide spécifique va fixer les valeurs de la viscosité et de la masse volumique.

Pour un modèle thermique la température adimensionnelle θ est calculée par :

$$\theta = \frac{T - T_{in}}{\Delta T} \qquad \text{(Eq. III-73)}$$

III.5.1. Exemple 1

Soit un écoulement de fluide connu (de l'eau) dans une géométrie définie par une longueur de référence $L_x = 320 \mu m$:

1. Définir la taille du réseau par $N = 321$ *pixels* :

$$\Rightarrow \Delta x = \frac{Lx}{N-1} = 1 \times 10^{-6} m.$$

2. Les propriétés ρ', υ' de l'eau sont connues: $10^3 \, kg.m^{-3}$ et $1 \times 10^{-6} m^2.s^{-1}$, respectivement :

   - La valeur du temps de relaxation est limitée $]0.5,2[$: le choix d'une valeur égale à 1 donne une valeur de $\upsilon = 1/6$ en réseau.

   - $\Rightarrow \Delta t$ est calculé par l'expression $\upsilon' = \frac{\upsilon \Delta x^2}{\Delta t}$: $\Delta t = 1/6 \times 10^{-6}$ s.

   - le choix d'une valeur $\rho = 1$ en réseau va fixer la valeur de référence Δm

$\Rightarrow \Delta m$ est calculé de l'expression $\rho' = \frac{\rho \Delta m}{\Delta x^3}$: $\Delta m = 1 \times 10^{-15} kg$.

Maintenant, les trois valeurs de référence : Δx, Δt, Δm sont connues, sachant que le nombre adimensionnel de Knudsen doit être $Kn \ll 1$ [71, 72] pour rapprocher la solution des équations Navier-Stokes.

III.5.2. Exemple 2

Le nombre de Reynolds est défini comme le rapport entre les forces d'inertie et visqueuses. Ce nombre adimensionnel détermine le régime ou le système de l'écoulement et est donné par la relation :

$$\text{Re} = \frac{\rho u L}{\mu} = \frac{u L}{\nu} \qquad \text{(Eq. III-74)}$$

où L, u sont la longueur et la vitesse à l'échelle caractéristiques de l'écoulement, respectivement. Soit un écoulement de Poiseuille, qui sera validé dans le chapitre suivant, défini par un nombre de Reynolds Re connu :

- Le choix de Re impose ceux de ν, u, L
- La valeur maximum de la vitesse en réseau ne doit pas dépasser 0.1 [27].

  $\Rightarrow u_{max} = 0.1$. À savoir que $u_{max} = 1.5 \times u_{ave}$ [53].

- Le choix d'une valeur $\tau = 1$ donne une valeur $\nu = 1/6$ (en réseau $\Delta x = \Delta t = 1$).

  $\Rightarrow$ La largeur (les nœuds) est calculée : $\text{Re} = \dfrac{u L}{\nu}$

  $\Rightarrow$ Les forces externes (adimensionnelles) sont à calculer.

III.6. Algorithme du calcul BR

Avec la méthode de Boltzmann sur réseau, il est supposé que les particules dans le réseau :

- se déplacent entre les sites d'un réseau uniforme.
- Sautent d'un site à l'autre selon des vitesses fixées et discrétisées.
- Se heurtent quand elles se rencontrent dans un site.

Il y a deux schémas généraux selon l'ordre de la séquence propagation/collision [73, 74, 75, 76]:

- le schéma « push » : dans lequel l'étape de collision précède l'étape de propagation.
- le schéma « pull » : dans l'étape de propagation précède l'étape de collision.

Le schéma « pull » est adopté ici dans cette thèse.

La Figure III–16 présente un algorithme général pour un modèle BR classique à travers lequel le calcul est organisé comme suit.

Au départ, les variables du fluide ρ, u_x, u_y sont connues et définies à chaque nœud au temps zéro par des valeurs initiales ce qui permet d'initialiser les populations f_i. Le but est de calculer ces variables aux pas de temps suivants.

Ensuite, les populations du réseau f_i^{eq} sont utilisées pour calculer les valeurs macroscopiques de ρ, u_x, u_y. Les valeurs résultantes sont la solution numérique à un temps t, et elles sont utilisées pour calculer les valeurs de fonction de distribution à l'équilibre f_i^{eq} qui sont nécessaires pour l'étape de propagation. Les valeurs de f_i^{eq} sont ensuite utilisées pour relaxer les valeurs de f_i lors de l'étape de collision à travers le temps de relaxation. Ces f_i relaxées vont se propager selon l'équation (Eq. III-3) pour produire les populations du réseau au pas de temps suivant $t + \Delta t$. Ce cycle se répète jusqu'à ce qu'une condition de convergence soit satisfaite, ce qui arrête le calcul.

```
┌─────────────────────────────────────────────────┐
│                   Définition                     │
│ - Définir le domaine du calcul (image binaire, fichier,..) │
└─────────────────────────────────────────────────┘
                        │
                        ▼
┌─────────────────────────────────────────────────┐
│                 Initialisation                   │
│ - Attribuer les conditions initiales (masse volumique, │
│ vitesse macroscopique) aux nœuds du domaine du calcul. │
│ - Calculer les valeurs  f^{eq}  initiales        │
└─────────────────────────────────────────────────┘
                        │
                        ▼
┌─────────────────────────────────────────────────┐
│                  Propagation                     │◄──┐
│ - Faire propager les populations aux nœuds voisins │   │
└─────────────────────────────────────────────────┘   │
                        │                              │
                        ▼                              │
┌─────────────────────────────────────────────────┐   │
│               Conditions aux limites             │   │
│ - Imposer (vérifier) les conditions aux limites  │   │
└─────────────────────────────────────────────────┘   │
                        │                              │
                        ▼                              │
┌─────────────────────────────────────────────────┐   │
│                 Hydrodynamiques                  │   │
│ - calculer les nouvelles valeurs de la masse volumique et │
│ de la vitesse macroscopique                      │   │
└─────────────────────────────────────────────────┘   │
                        │                              │
                        ▼        Oui                   │
┌───────────┐      ◇ Convergence ◇                     │
│ Terminer  │◄──── Vérifier le critère de convergence  │
└───────────┘                                          │
                        │ Non                          │
                        ▼                              │
┌─────────────────────────────────────────────────┐   │
│                 Nouvelles PDFs                   │   │
│ - Calculer les nouvelles valeurs de PDFs à l'équilibre │
└─────────────────────────────────────────────────┘   │
                        │                              │
                        ▼                              │
┌─────────────────────────────────────────────────┐   │
│                   Collision                      │───┘
│ - Appliquer la règle de collision                │
└─────────────────────────────────────────────────┘
```

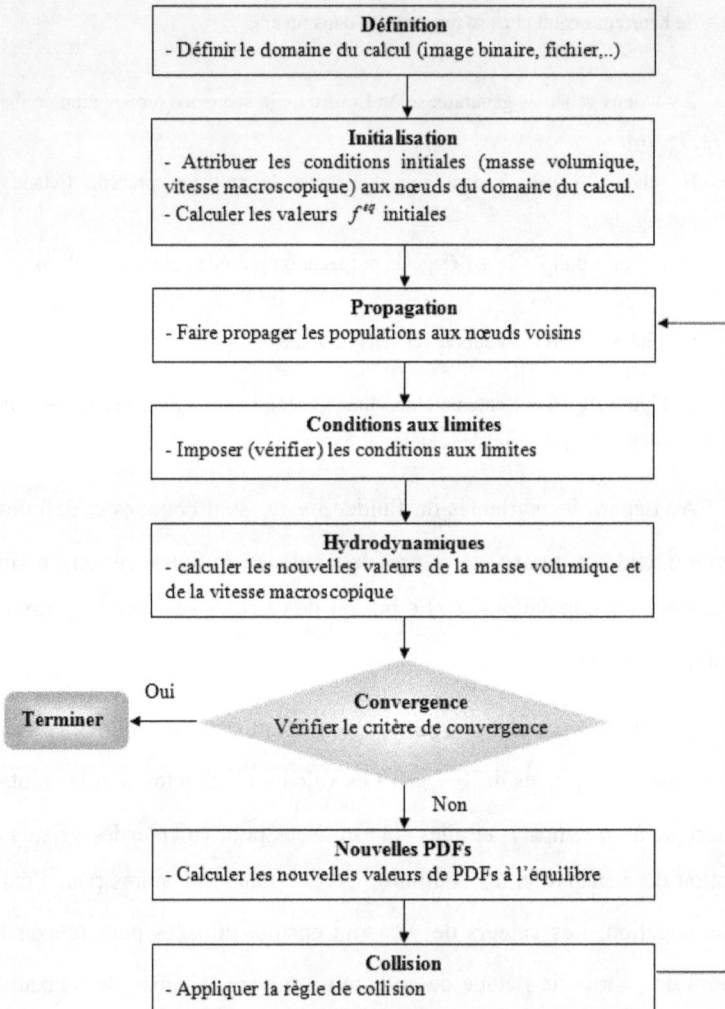

Figure III–16: Schéma de l'algorithme général de calcul dans un modèle BR.

III.7. Position de la méthode BR par rapport à d'autres méthodes numériques

III.7.1. BR et la méthode du calcul des différences finies

La méthode de Boltzmann sur réseau peut être vue soit comme une discrétisation de l'équation simplifiée de Boltzmann en utilisant un réseau symétrique soit comme un schéma de différences finies pour l'équation de Navier-Stokes. Dr Mohamad montre dans son livre [27] la similitude et les différences entre les deux schémas. La définition d'un maillage dans la méthode des différences finies signifie que l'écoulement sera traité de façon discrète. Par contre, le schéma hybride consiste dans le traitement de la dynamique de l'écoulement par la méthode BR et à utiliser le schéma DF pour la thermique où on gagne du temps de calcul car on n'a pas de terme de collision [77, 78].

III.7.1.1. Principe de la méthode des différences finies

Le principe de cette méthode numérique repose sur le fait que les dérivées partielles de l'équation différentielle sont approchées par des combinaisons linéaires de valeurs aux points de grille. Pour les dérivées de premier ordre :

$$\frac{\partial u}{\partial x}(\bar{x}) = \lim_{\Delta x \to 0} \frac{u(\bar{x} + \Delta x) - u(\bar{x})}{\Delta x} = \lim_{\Delta x \to 0} \frac{u(\bar{x}) - u(\bar{x} - \Delta x)}{\Delta x}$$
$$= \lim_{\Delta x \to 0} \frac{u(\bar{x} + \Delta x) - u(\bar{x} - \Delta x)}{2\Delta x} \qquad \text{(Eq. III-75)}$$

III.7.1.2. Méthode de Dufort-Frankel

C'est un algorithme proposé pour surmonter les problèmes de stabilité de l'algorithme simple [78, 79]. Il s'écrit :

$$u_j^{n+1} = u_j^{n-1} + a\left\{u_{j+1}^n - \left(u_j^{n+1} + u_j^{n-1}\right) + u_{j-1}^n\right\} \qquad \text{(Eq. III-76)}$$

Cette relation peut être résolue explicitement pour u_j^{n+1} à chaque nœud du réseau :

$$u_j^{n+1} = \left(\frac{1-a}{1+a}\right)u_j^{n-1} + \left(\frac{a}{1+a}\right)\left(u_{j+1}^n + u_{j-1}^n\right) \qquad \text{(Eq. III-77)}$$

où $a = 2\dfrac{\kappa \partial t}{\partial x^2}$.

Par exemple, l'équation aux dérivées partielles du transfert de la chaleur par conduction est de type parabolique:

$$\frac{\partial T}{\partial t} = \frac{\partial \kappa_x}{\partial x}\frac{\partial T}{\partial x} + \frac{\partial \kappa_y}{\partial y}\frac{\partial T}{\partial y} + \frac{\partial \kappa_z}{\partial z}\frac{\partial T}{\partial z} + \kappa_x\frac{\partial^2 T}{\partial x^2} + \kappa_y\frac{\partial^2 T}{\partial y^2} + \kappa_z\frac{\partial^2 T}{\partial z^2} \qquad \text{(Eq. III-78)}$$

Le schéma de Dufort-Frankel est une approximation du second ordre et il est inconditionnellement stable. La solution par une méthode de différences finies requiert la discrétisation des dérivées en suivant la règle générale pour une quantité fictive **A** :

$$dA/dx = \Delta A/\Delta x = \left[A(j+1) - A(j-1)\right]/2\Delta x \qquad \text{(Eq. III-79)}$$

et

$$dA^2/dx^2 = \left[A(j+1) - 2A(j) + A(j-1)\right]/\Delta x^2 \qquad \text{(Eq. III-80)}$$

Par application du schéma de Dufort-Frankel pour la résolution de la dérivée temporelle $\left(T^{n+1} - T^{n-1}\right)/2\Delta t$, la relation suivante est déduite :

$$T^{n+1} = \left(\frac{1-3a}{1+3a}\right)T^{n-1} + \left(\frac{2\Delta t/\Delta x^2}{1+a}\right)\left(D_{x1}T_{x1} + D_{x2}T_{x2} + D_{y1}T_{y1} + D_{y2}T_{y2} + D_{z1}T_{z1} + D_{z2}T_{z2}\right)$$

$$\text{(Eq. III-81)}$$

où

$$a = 2\left(D_x + D_y + D_z\right)\Delta t / 3\Delta x^2$$

$$D_{x1} = \left(\kappa_{x1} + \kappa_x\right)/2 \;\; ; \;\; D_{x2} = \left(\kappa_{x2} + \kappa_x\right)/2 \;\; ; \;\; D_x = \left(\kappa_{x1} + 2\kappa_x + \kappa_{x2}\right)/4$$

$$D_{y1} = \left(\kappa_{y1} + \kappa_y\right)/2 \;\; ; \;\; D_{y2} = \left(\kappa_{y2} + \kappa_y\right)/2 \;\; ; \;\; D_y = \left(\kappa_{y1} + 2\kappa_y + \kappa_{y2}\right)/4$$

$$D_{z1} = \left(\kappa_{z1} + \kappa_z\right)/2 \;\; ; \;\; D_{z2} = \left(\kappa_{z2} + \kappa_z\right)/2 \;\; ; \;\; D_z = \left(\kappa_{z1} + 2\kappa_z + \kappa_{z2}\right)/4$$

$$\kappa_{n1} = \kappa(n-1) \;\; ; \;\; \kappa_{n2} = \kappa(n+1) \;\; ; \;\; \kappa_n = \kappa(n) \quad n \text{ étant } x, y, z. \qquad \text{(Eq. III-82)}$$

L'équation Eq. III-81 tient compte de l'anisotropie (hétérogénéité) des diffusivités.

III.7.2. Solveurs fondés sur les méthodes d'éléments finis

III.7.2.1. Logiciel libre : OOF

OOF est un logiciel de calcul destiné aux scientifiques des matériaux qui veulent calculer des propriétés macroscopiques à partir d'images de structure [80]. Ce logiciel public est développé au sein de National Institute of Standards and Technology (NIST) à la base de la technique EFs. Figure III–17 montre la fenêtre principale du logiciel.

Dans sa première version, OOF se compose de deux programmes en coopération : ppm2oof et oof. Le premier programme (ppm2oof) lit les images de format *ppm* (Portable Pixel Map) et affecte les propriétés du matériau aux dispositifs dans l'image. La mission du deuxième programme (oof) est de conduire des expériences virtuelles sur les structures de données créées par le ppm2oof pour déterminer les propriétés macroscopiques souhaitées.

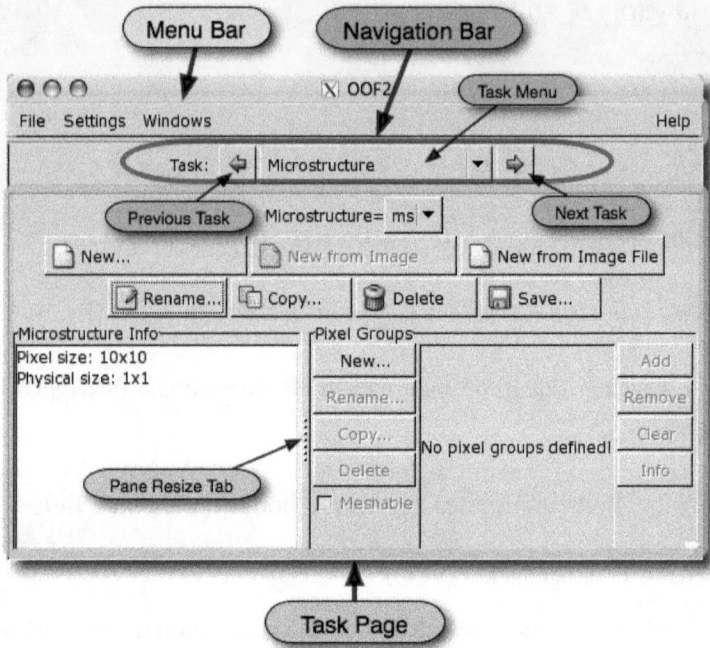

Figure III–17 : Fenêtre principale du logiciel OOF2.

L'image est importée dans ppm2oof, et est appliquée une des méthodes proposées pour déterminer les deux phases : solide et vide dans le cas des matériaux poreux.

III.7.2.2. Logiciel commercial COMSOL Multiphysics

COMSOL Multiphysics est un logiciel avancé pour la modélisation et la simulation de phénomènes physiques décrits par des systèmes d'équations aux dérivées partielles (EDP) résolues par éléments finis. Ce logiciel inclut un éditeur CAO complet ainsi que des solveurs performants qui permettent de traiter des problèmes de taille importante tout en convergeant rapidement vers le résultat. Une interface graphique rapide et interactive fournit à l'utilisateur différents moyens pour décrire un problème en 1D, 2D et 3D. Il a en outre l'avantage de permettre un couplage et une résolution simultanée des équations provenant de domaines physiques très différents. S'ajoute à cela des possibilités optimisées de visualisation et de post-traitement des solutions qui font de FEMLAB (ancien nom du logiciel) un outil complet et polyvalent [81]. Un avantage très important de ce logiciel c'est que l'utilisateur peut se concentrer sur le modèle et n'a pas besoin de consacrer du temps à résoudre les équations, construire les lignes de programmation, ou visualiser les résultats.

La Figure III–18 montre la fenêtre principale du logiciel COMSOL.

Dans la version 3.5.a, COMSOL Multiphysics a la capacité de traiter des applications spécifiques à travers ses divers modules déjà fournis sachant que le couplage des différents modules permet de simuler plusieurs phénomènes au même temps et pour le même domaine de calcul [82].

Ce logiciel, au travers ses différentes versions, est très efficace. La seule difficulté, pour notre domaine de travail, c'est que l'importation des images de structures réelles n'est pas prévue.

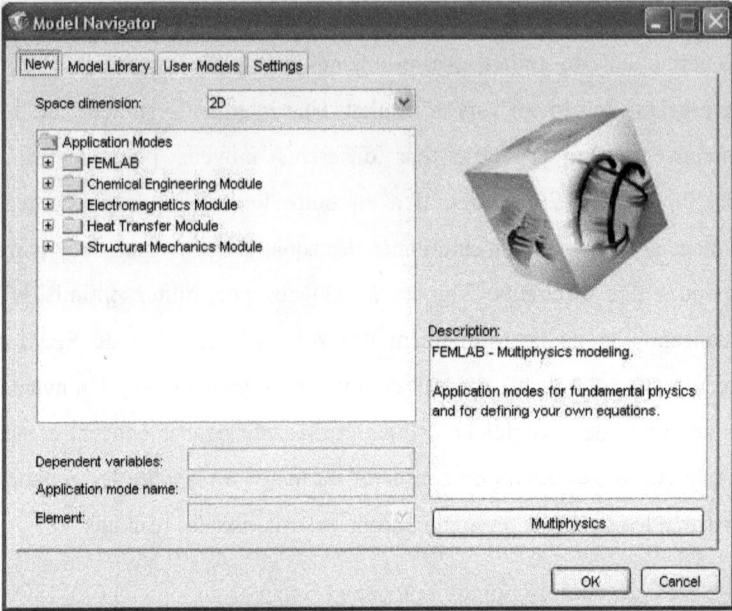

Figure III–18 : Fenêtre principale du logiciel COMSOL Multiphysics.

III.7.3. BR et la méthode de calcul en volumes finis

La méthode des volumes finis ou volume de contrôle est une méthode numérique fondée sur l'intégration des équations du transport qui gouvernent les écoulements des fluides et les transferts de la chaleur. L'équation générale de transport s'écrit pour une propriété ϕ :

$$\frac{\partial(\rho\phi)}{\partial t} + div(\rho\phi u) = div(\Gamma_\phi \, grad\phi) + S_\phi \qquad \text{(Eq. III-83)}$$

où Γ_ϕ est le coefficient de diffusion et S_ϕ est le terme source.

Les schémas hybrides BR-VF ont été proposés dans la littérature dans le but de coupler les dynamiques de fluide (en utilisant un schéma BR) simultanément avec les phénomènes thermiques (en utilisant un schéma VF). La Figure III–19 représente un réseau hybride BR-VF. Ce couplage permet de réduire le temps de calcul engendré par une double population tout en bénéficiant de la souplesse fournie par les méthodes classiques.

Sans entrer dans les détails de la méthode des volumes finis, citons les travaux de Mishra et al. [54, 55, 57] destinés surtout à l'incorporation de l'effet du rayonnement dans le calcul des phénomènes thermiques, et les travaux de Semma et al. [38] qui sont destinés à étudier le problème de solidification (le changement de phase).

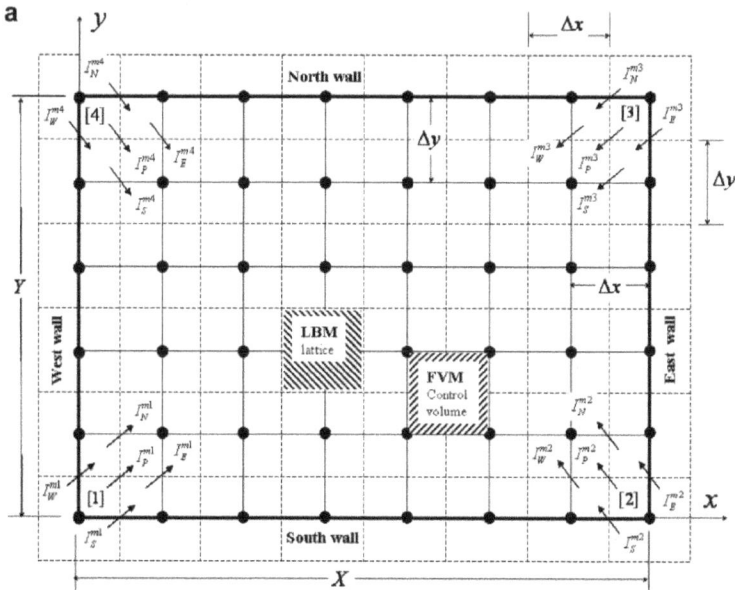

Figure III–19 : Représentation d'un réseau hybride BR-VF [54].

III.8. Conclusion partielle

Dans ce chapitre les méthodes numériques de modélisation d'un milieu poreux et notamment la méthode de Boltzmann sur réseau ont été abordées. La méthode BR est une méthode de calcul numérique proposée pour la simulation de dynamiques de fluide et la thermique par l'équation de Boltzmann.

De façon générale, la méthode de Boltzmann sur réseau comporte trois volet distincts :

1. Le réseau : la grille.
2. Les distributions à l'équilibre.
3. L'équation cinématique pour la collision.

Cette méthode a été exposée en détail avec un rappel de l'histoire de la méthode, l'approximation BGK, les différents modèles et conditions aux limites applicables.

Cette méthode prend place parmi les solutions numériques efficaces des problèmes complexes. Son aptitude à la "parallélisation" permet l'optimisation et l'adaptation aux machines de calcul. Certains chercheurs ont déjà développé leur propre logiciel adapté à leur problème spécifique [13, 14, 83, 84, 85, 86].

Cette méthode, qui se développe rapidement. En raison de sa nature numérique des erreurs se cumulent, lors de la discrétisation temporelle et spatiale [30], l'application des conditions aux limites [87] et la compressibilité.

D'autres méthodes numériques possibles sont les schémas de Différences Finies (DF), Eléments Finis (EF) et Volumes Finis (VF). Le couplage entre la méthode de Boltzmann et une de ces méthodes est possible et permet par exemple de traiter la dynamique d'un fluide par BR et la thermique par un schéma discrétisé.

Il est montré que, dans le cas d'étude, la méthode BR se prête au traitement de notre problème au prix d'une programmation relativement simple, tout en présentant avec l'avantage de traiter les géométries complexes y compris les milieux poreux et les matériaux bicouche ce qui sera le sujet du chapitre prochain.

Bibliographie du chapitre III

[1] Randall J. LeVeque, Finite Difference Methods for Differential Equations, AMath 585-6 Notes, University of Washington, version of January (2006).

[2] Zienkiewicz O.C., Taylor R.L., Nithiarasu P., The finite element method for fluid dynamics, Volume 3, (6th Ed.) Lavoisier © 2005.

[3] Robert Eymard, Thierry Gallouët and Raphaèle Herbin, Finite Volume Methods, Rapport, Marseille (2003).

[4] S. Succi, The Lattice Boltzmann Equation for Fluid Dynamics and Beyond. Oxford Science Publications (2001).

[5] Youngseuk Keehm and Tapan Mukerji, course GP200, Fluids and Flow in the Earth: Outstanding Problems and Computational Methods. Stanford 2005. http://srb.stanford.edu/GP200 .

[6] A. A. Mohamad, Fundamentals of LBM : a short course. université de Limoges été 2005.

[7] M. C. Sukop et D. T. Thorne, Lattice Boltzmann Modeling. An Introduction for Geoscientists and Engineers. Springer Publications (2006).

[8] S. Chen and G. Doolen, Lattice Boltzmann Method for Fluid Flow. Annu. Rev. Fluid Mech. (1998) 30, 29-64.

[9] Dardis O. & McCloskey J., 1998 Lattice Boltzmann scheme with real numbered solid density for the simulation of flow in porous media. Phys. Rev. E 57 4834-4837.

[10] Jin G., Ptazek Tad W. & Silin D. B., Direct Prediction of the Absolute Permeability of Unconsolidated and Consolidated Reservoir Rock. SPE (Society of Petroleum Engineers) 90084 (2004).

[11] Chongxum Pan, Li-Shi Luo, Cass T. Miller, An evaluation of lattice Boltzmann schemes for porous medium flow simulation. Computers & fluids 35 (2006) 898-909.

[12] A. Dupuis. From a lattice Boltzmann model to a parallel and reusable implementation of a virtual river. Doctoral Thesis. Geneva Switzerland (2002).

[13] Open source Lattice Boltzmann code, en libre téléchargement à partir du site http://www.openlb.org/ .

[14] Open source Lattice Boltzmann code, en libre téléchargement à partir du site http://www.lbmethod.org/palabos/ .

[15] M. Yoshino and T. Inamuro, Lattice Boltzmann simulation for flow and heat/mass transfer problems in a three-dimensional porous structure, Int. J. Numer. Meth. Fluids (2003) 43:183-198.

[16] D'Orazio A. & Succi S., 2004 Simulation two-dimensional thermal channel flows by means of a lattice Boltzmann method with new boundary conditions. FGCS 20 935-944

[17] X. He, S. Chen et G. Doolen, A Novel Thermal Model for the Lattice Boltzmann Method in Incompressible Limit, J. Computational Fluids (1998) 146, 282-300.

[18] Mohamed Mahdi Tekitek, Identification des modèles et de paramètres pour la méthode de Boltzmann sur réseau. Thèse soutenue à l'université de Paris sud (2007).

[19] Raed Bourisli, Cellular Automata Methods in Fluid Flow: An Investigation of the Lattice Gas Method and the Lattice Boltzmann Method. Final report, Belgique (2003).

[20] J. Hardy, O. de Pazzis & Y. Pomeau, Molecular dynamics of a classical lattice gas: Transport properties and time correlation functions, Phys. Rev. A vol. 13, (1976) 1949 – 1961.

[21] Li Shi Luo, Lattice-Gas Automata and Lattice Boltzmann Equations for Two-Dimensional Hydrodynamics. Phd thesis, Georgia Institute of Technology (1993).

[22] X. He and Li-Shi Luo. Theory of the lattice Boltzmann method: From the Boltzmann equation to the lattice Boltzmann equation. Phys. Rev. E vol56 (1997) 6811-6817.

[23] X. He, Li-Shi Luo. *A priori* derivation of the lattice Boltzmann equation. Phys. Rev. E vol55 (1997) R6333-R6336.

[24] Wolf-Gladrow, D.A., Lattice-gas cellular automata and lattice Boltzmann models: an introduction, Springer, Lecture notes in mathematics, Berlin, 2000.

[25] http://fr.wikipedia.org/wiki/%C3%89quation_de_Boltzmann .

[26] Nils Thürey, A single-phase free-surface Lattice Boltzmann Method. Phd thesis Institut Für Informatik, Erlangen, Allemagne (2005).

[27] A. A. Mohamad, Applied Lattice Boltzmann Method for Transport Phenomena, Momentum, Heat and Mass Transfer. Calgary-Canada (2007).

[28] Urpo Aaltsomali, Fluid Flow in Porous Media With the Lattice Boltzmann Method. Phd thesis (2005). University of Jyväskylä, Finland.

[29] D. d'Humière, in Rarefied Gas dynamics: Theory and Simulations, Prog. Astronaut. Vol. 159, (1992).

[30] Al-Zoubi A, Numerical Simulations of Flows in Complex Geometries Using the Lattice Boltzmann Method, Doctoral Thesis (2006). Clausthal Germany.

[31] Xiaoming Wei, Wei Li, Klaus Mueller, Arie Kaufman, The Lattice-Boltzmann Method for Simulating Gaseous Phenomena. IEEE Transactions on Visualization and Computer Graphics, Vol. 10, No. 2, (2004) 164-176.

[32] Qian Y.H., d'Humières D. and Lallemand P., Lattice BGK models for Navier-Stokes equation, Europhys. Lett., vol. 17, p. 479-484, (1992).

[33] d'Humière D., Ginzbrg I., Krafczyk M., Lallemand P., Luo L.-S., Multiple-relaxation-time lattice Boltzmann models in three-dimensions, Philosophical Transactions of Royal Society of London A, vol. 360, p. 437-451, (2002).

[34] Lallemand P., Luo L.-S., Theory of the lattice Boltzmann method : dispersion, dissipation, isotropy, Galilean invariance, and stability, Phys. Rev. E vol. 61 p. 6546-6562 (2000).

[35] R. Benzi, S. Succi, M. Vergassola, The lattice Boltzmann equation: theory and applications, Phys. Reports vol. 222, p. 145-197 (1992).

[36] P. Pavlo, G. Vahala, and L. Vahala, Higher order isotropic velocity grids in lattice methods, Phys. Rev. Lett. 80, pp. 3960-3963, 1998.

[37] G. McNamara, A. L. Garcia, and B. J. Alder, Stabilization of thermal lattice Boltzmann models, J. Stat. Phys. 81, pp. 395-408, 1995.

[38] E.A. Semma, M. El Ganaoui, R. Bennacer, A. A. Mohamad Investigation of flows in solidification by using the lattice Boltzmann method, Int. J. Th. Sci. (2008) 47;pp. 201–208.

[39] T. Inamuro, M. Yoshino, H. Inoue, R. Mizuzo and F. Ogino. A Lattice Boltzmann Method for a Binary Miscible Fluid Mixture and Its Application to a Heat-Transfer Problem. J. Comp. Phys. 179 (2002) 201-215.

[40] M. Wang, J. Wang, N. Pan, S. Chen et J. He, Three dimensional effect on the effective thermal conductivity of porous media, J. Phys. Appl. Phys. (2007) 40 260-265.

[41] Moran Wang, Jinku Wang, Ning Pan et Shiyi Chen, Mesoscopic predictions of the effective thermal conductivity for microscale random porous media. (2007) Phys. Rev. E 75, 036702.

[42] Moran Wang, Ning Pan, Modelling and prediction of the effective thermal conductivity of random open-cell porous foams. Int. J. of Heat and Mass Trans. (2008).

[43] M. Wang et al. Mesoscopic simulations of phase distribution effects on the effective thermal conductivity of microgranular porous media, J. of Colloid and interface Science 311 (2007) 562-570.

[44] Moran Wang & Ning Pan, Predictions of effective physical properties of complex multiphase materials, Materials Science and Engineering R 63 (2008) 1–30.

[45] B. Naitali, Elaboration, caractérisation et modélisation de matériaux poreux. Influence de la structure poreuse sur la conductivité thermique effective, Thèse soutenue à la FST-Limoges (2005).

[46] Christian Huber, Andrea Parmigiani, Bastien Chopard, Michael Manga, Olivier Bachmann, Lattice Boltzmann model for melting with natural convection, Int. J. Heat & mass flow vol. 29, no 5 (2008) pp. 1469-1480.

[47] Mohamed Bouneder, Modélisation des transferts de chaleur et de masse dans les poudres composites métal/céramique en projection thermique : Application à la projection par plasma d'arc soufflé argon hydrogène. Thèse soutenue à la FST-Limoges (2006).

[48] Hamid Belghazi, Modélisation analytique du transfert instationnaire de la chaleur dans un matériau bicouche en contact imparfait et soumis à une source se chaleur en mouvement :

Application aux traitements de surface par laser et projection plasma. Thèse soutenue à la FST-Limoges (2008).

[49] Xi Chen and Peng Han, A note on the solution of conjugate heat transfer problems using SIMPLE-like algorithms. Int. J. Heat and Fluid Flow 2000.

[50] M. R. Arab, B. Pateyron, M. El Ganaoui and N. Calvé, Lattice Boltzmann Simulations for Thermal Conductivity Estimation in Heterogeneous Materials, Defect and Diffusion Forum, Vols. 283-286 pp 364-369 (2009).

[51] J. Wang. Moran Wang et Zhixin Li. A lattice Boltzmann algorithm for fluid-solid conjugate heat transfer. Int. J. Therm. Sci. 46 (2007) 228-234.

[52] Franck P. Incropera, David P. DeWitt, Fundamentals of heat and mass transfer. 5th edition. New York: J. Wiley & Sons © 2002.

[53] R. B. Bird, W. E. Stewart and E. N. Lightfoot, Transport Phenomena, 2nd Ed. John wiley and sons, Inc., New York, U.S.A. (2002).

[54] Subhash C. Mishra, Anjaneyulu Lankadasu, Kamen N. Beronov. Application of the lattice Boltzmann method for solving the energy equation of a 2-D transient conduction–radiation problem. Int. J. Heat and Mass Transfer 48 (2005) 3648–3659.

[55] Subhash C. Mishra, Hillol K. Roy. Solving transient conduction and radiation heat transfer problems using the lattice Boltzmann method and the finite volume method. J. of Comp. Phys. 223 (2007) 89–107.

[56] Ahmed Mezrhab, Mohammed Jami, M'hamed Bouzidi, Pierre Lallemand. Analysis of radiation–natural convection in a divided enclosure using the lattice Boltzmann method. Computers & Fluids 36 (2007) 423–434.

[57] Bittagopal Mondal, Subhash C. Mishra. Lattice Boltzmann method applied to the solution of the energy equations of the transient conduction and radiation problems on non-uniform lattices. Int. J. of Heat and Mass Transfer 51 (2008) 68–82.

[58] M. Wang, N. Pan, Elastic property of multiphase composites with random microstructures, J. Compu. Phys. 228 (2009) 5978-5988.

[59] P. A. Skordos, Initial and Boundary Conditions for the Lattice Boltzmann Method phys. Rev. E (1993) N. Pages: 42.

[60] Q. Zou et X. He. On pressure and velocity boundary conditions for the lattice Boltzmann BGK model. Phys. Fluids 9: 1591-1598.

[61] Rober S. Maire, Robert S. Bernard and Daryl W. Grunau, Boundary conditions for the lattice Boltzmann method. Phys. Fluids 8 (7) 1788-1801 (1996).

[62] T. Inamuro, M. Yoshino and Fuminaru Ogino, A non-slip boundary condition for lattice Boltzmann simulations. Phys. Fluids 7 (12) 2928-2930 (1995).

[63] Y. Peng, C. Shu, and Y. T. Chew. Simplified lattice Boltzmann model for incompressible thermal flows. Phys. Rev. E 68 (2003) 026701-026701-8.

[64] Y. Peng, C. Shu, and Y. T. Chew. A 3D incompressible thermal lattice Boltzmann model and its application to simulate natural convection in a cubic cavity. J. Comp. Phys. 193 (2003) 260-274.

[65] COMSOL Multiphysics 3.5.a Package. Earth Science Module. Model Library.

[66] M. C. Sukop, Introduction to Lattice Boltzmann Methods: GLY-5835. Course for graduate (2006).

[67] A. A. Mohamad, M. El-Ganaoui, R. Bennacer, Lattice Boltzmann Simulation of natural convection in an open ended cavity, Int. J. Thermal Sci. 48 (2009) 1870–1875.

[68] M. Bernaschi, S. Succi and H. Chen, Accelerated Lattice Boltzmann Schemes for steady-State Flow Simulations, J. Sci. Computing, Vol. 16 No. 2 (2001) 135-144.

[69] M. R. Arab, E. A. Semma, B. Pateyron et M. El Ganaoui, Determination of physical properties of porous materials by a Lattice Boltzmann approach, J. FDMP vol. 5, no. 2, pp 161-175 (2009).

[70] R. Djebali, B . Pateyron, M. El Ganaoui, et H. Sammouda, Axisymmetric High Temperature Jet Behaviors Based on A Lattice Boltzmann Computational Method Part I: Argon Plasma, Int. Rev. Chem. Eng. vol 1 (2009) pp 428-438.

[71] Prodanović M, Lindquist W. B, and Seright R. S, 3D image-based characterization of fluid displacement in a Berea core, Adv. in Water Res. 30 (2007) pp 214-226.

[72] Muhammed E. Kutay, Ahmet H. Aydilek, Eyad Massad. Laboratory validation of lattice Boltzmann method for modelling pore-scale flow in granular materials. Computers and Geotechnics 33 (2006) 381-395.

[73] G. Wellein, T. Zeiser, S. Donath, G. Hager, On the single processor performance of simple lattice Boltzmann kernels, Comput. & Fluids 35 (8-9) (2006) 910-919.

[74] K. Mattila, J. Hyvaluoma, T. Rossi, M. Aspnas, J. Westerholm, An efficient swap algorithm for the lattice Boltzmann method, Comput. Phys. Communications 176 (2007) 200-210.

[75] Klaus Iglberger, Cache optimizations for the lattice Boltzmann method in 3D, Bachelor Thesis (2003) Institut für Informatik Erlangen-Nürnburg.

[76] Johannes Habich, Improving computational efficiency of lattice Boltzmann methods on complex gemetries, Bachelor Thesis (2006) Institut für Informatik Erlangen-Nürnburg.

[77] Mezrhab A., Bouzidi M., Lallemand P., (2004): Hybrid lattice-Boltzmann finite-difference simulation of convective flows, Computers & Fluids 33 623–641.

[78] Ken Wohletz, HEAT3D:Magmatic Heat Flow Calculation, Los Alamos National Laboratory, http://geodynamics.lanl.gov/wohletz/Heat.htm .

[79] Feras A. Mahmoud, Mohammad H. Al-Towaiq, Parallel Algorithm for the Solutions of PDEs in linux clustered workstations, App. Math. Comput. 200 (2008) 178-188.

[80] OOF : Finite Element Modeling for Materials Science. Téléchargeable librement à partir du site http://www.nist.gov/msel/ctcms/oof/ .

[81] Khalid Fataoui, Développement de modèles thermomécaniques de construction de dépôts obtenus par projection thermique. Modèle mécano thermique de l'étalement de la gouttelette. Thèse en cotutelle soutenue à l'Université Chouaib Doukkali (2007).

[82] F. Mechighel, B. Pateyron, M. El Ganaouil and M. Kadja, Study of thermo-electrical and mechanical coupling during densification of a polycrystalline material using COMSOL. Proceedings of the European COMSOL Conference 4-6 novembre (2008) Hannover-Germany.

[83] Code LB2D_prime (langage de programmation C) téléchargeable librement à partir du site http://www.fiu.edu/~sukopm/LBnD_Prime/LBnD_Prime.html , Copyright © 2005, Mike Sukop and Danny Thorne.

[84] Code SunLightLB (langage de programmation C) téléchargeable librement à partir du site http://sunlightlb.sourceforge.net/ .

[85] Code Mesoscopic Simulation Software DL_MESO (langage de programmation C et Java) téléchargeable librement à partir du site officiel de laboratoire : http://www.cse.scitech.ac.uk/ccg/software/DL_MESO/index.shtml .

[86] logiciel PowerFlow, http://www.exa.com/pages/pflow/pflow_main.html .

[87] Thermal Lattice Boltzmann Two-Phase Flow Model for Fluid Dynamics, Phd thesis. University of Pittsburgh 2005.

IV. Etude numérique des propriétés physiques des matériaux poreux

IV.1. Introduction

Dans ce chapitre sont exposés les résultats de l'exploitation des simulations exécutées par la méthode BR, décrite au chapitre précédent, en configuration bidimensionnelle dans un premier temps. Pour montrer la validité de cette méthode les résultats sont comparés avec les solutions analytiques disponibles dans la littérature pour des problèmes simples et connues. Pour cela, quelques exemples sont présentés sur l'écoulement de Poiseuille, la convection naturelle dans une cavité carrée, le transfert thermique par conduction dans un matériau bicouche et enfin des exemples bidimensionnels en milieu poreux.

Dans un deuxième temps, la représentation évoluera de l'espace bidimensionnel à l'espace tridimensionnel en utilisant la procédure de reconstruction détaillée au chapitre II. Ce passage nous permet l'exploitation d'un outil numérique propre à l'estimation de la perméabilité et la conductivité thermique des domaines reconstruits en 3D.

Dans tous les cas étudiés, les fonctions de distribution de la masse et de la température sont initialisées à leurs valeurs d'équilibre et la vitesse dans le domaine est nulle. La condition des bords périodiques est, sauf cas particuliers signalés dans le texte, appliquée aussi dans toutes simulations effectuée sauf cas précis.

IV.2. Relations caractéristiques essentielles d'un écoulement

De manière générale, un écoulement est décrit par les équations hydrodynamiques de base [1, 2] qui sont :

1- L'équation de continuité

$$\partial_t \rho + \nabla.(\rho u) = 0 \qquad\qquad \text{(Eq. IV--1)}$$

qui exprime la conservation de la masse. Dans cette équation, ρ est la masse volumique du fluide et u la vitesse. Un cas spécial est l'écoulement **incompressible** dans lequel ρ reste constante et $\nabla.u = 0$.

2- L'équation de la quantité de mouvement

$$\rho\big[\partial_t u + (u.\nabla)u\big] = -\nabla p + \nabla.\Pi + \rho g \qquad\qquad \text{(Eq. IV--2)}$$

qui décrit la conservation de la quantité de mouvement. Ici p est la pression, Π est la matrice de contraintes appliquées au fluide, et g est l'accélération due aux forces externes y compris la gravité.

3- L'équation de la conservation de l'énergie

$$\rho\frac{d\hat{u}}{dt} + p(\nabla.u) = \nabla.(\kappa\nabla T) + \Phi \qquad\qquad \text{(Eq. IV--3)}$$

où T est la température, k le coefficient de la conductivité thermique du fluide, Φ est la fonction de dissipation visqueux, $\hat{u} \approx c_v dT$ et c_v la chaleur spécifique.

Pour un fluide dit **newtonien** les contraintes visqueuses de l'équation (Eq. IV-2) sont directement proportionnées à la dérivée de la vélocité $\Pi_{ij} = \partial_i u_j$ ce qui donne en résultat l'équation de **Navier-Stokes** :

$$\partial_t(\rho u) + \nabla.(\rho u u) = -\nabla p + \mu \nabla^2 u + \rho g \qquad \text{(Eq. IV–4)}$$

où μ est la viscosité dynamique du fluide. Dans le cas d'un fluide incompressible :

$$\partial_t u + u(u.\nabla) = -\frac{1}{\rho}\nabla p + \nu \nabla^2 u + g \qquad \text{(Eq. IV–5)}$$

Le terme $\nu = \mu/\rho$ est la viscosité cinématique du fluide. En général, les équations (Eq. IV-1) et (Eq. IV-2) sont indépendantes de la température ce qui permet de les résoudre séparément de l'équation de l'énergie.

L'équation de **Stokes** décrit un écoulement stationnaire avec des faibles forces d'inertie.

$$0 = -\nabla p + \mu \nabla^2 u + \rho g \qquad \text{(Eq. IV–6)}$$

Cette équation a une grande importance lors de l'étude d'un écoulement dans un milieu poreux surtout quand les valeurs de vitesse deviennent très petites (nombre de Reynolds petit < 10). On voit bien que la pression dans un tel système est directement proportionnée à la vélocité, par conséquent l'écoulement sera symétrique, mais aussi, laminaire.

IV.3. Ecoulement de Poiseuille

La solution analytique exacte de cet écoulement est connue; ce qui permet de valider les résultats numériques de simulation. Prenons un écoulement plan dans un tuyau de section rectangulaire fixe et de longueur infinie présenté en Figure IV–1. Le schéma D2Q9 classique est proposé pour simuler cet écoulement. L'écoulement de Poiseuille, en régime stationnaire, entre deux parois planes, admet une solution analytique de la forme :

$$u = \frac{\Delta p}{2\mu L}\left(a^2 - y^2\right)$$ (Eq. IV–7)

avec :

$$p = p_{in} - \frac{\Delta p}{L}x$$ (Eq. IV–8)

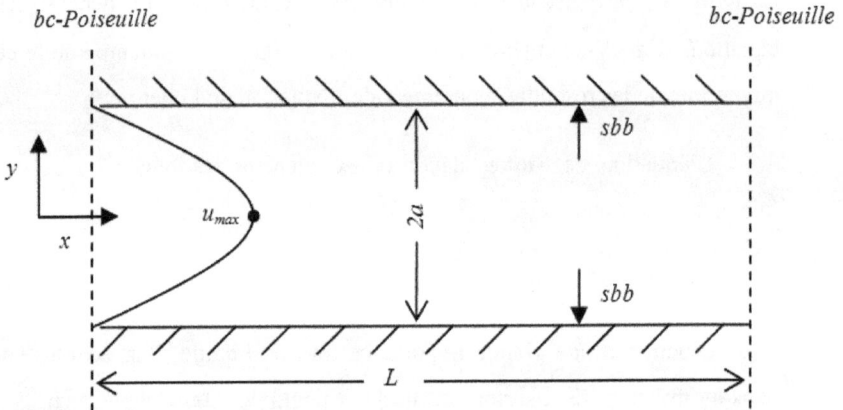

Figure IV–1 : Configuration bidimensionnelle de l'écoulement de Poiseuille et conditions aux limites appliquées. La taille du réseau est 200x50 *pixels*.

Dans ces équations, la chute de pression est $\Delta p = p_{in} - p_{out}$, où, p_{in} et p_{out} sont respectivement les valeurs des pressions imposées à l'entrée et à la sortie du domaine de calcul,. La vitesse au voisinage des parois est nulle $u_x = 0$ quand $y = \pm a$ tandis que la vitesse maximale au milieu de tuyau

$u_{max} = \frac{3}{2} u_{moy}$ quand $y = 0$. La condition de non glissement est garantie par l'application de principe de rebond pur standard aux parois. La valeur adimensionnelle de la viscosité de cisaillement est fixée de façon que l'on obtienne un temps de relaxation $\tau = 1$.

La taille du réseau de la grille considérée est de 200×50 *pixels* où un *pixel* correspond à l'espacement du réseau $\Delta x = 1$. Cet espacement est fixe et, en général, égal au pas du temps en réseau, fixe aussi, $\Delta t = 1$.

Après avoir défini le réseau et le temps de relaxation, le domaine est initialisé à la valeur adimensionnelle de masse volumique $\rho = 1$. Le calcul commence et les itérations propagation/collision se poursuivent avec la vérification des conditions aux limites à l'entrée et à la sortie du domaine. Le critère de convergence de ce problème est donné par la condition :

$$\frac{\sum_{i,j} \left| u_{ij}^{(n+1)} - u_{ij}^{(n)} \right|}{\sum_{i,j} \left| u_{ij}^{(n+1)} \right|} \leq 10^{-6} \qquad \text{(Eq. IV–9)}$$

où n représente le nombre total d'itérations achevées, ici i et j indiquent la position d'un *pixel* en réseau selon x et y. Le calcul s'arrête lorsque cette condition est satisfaite.

La solution exacte de l'équation Eq. IV-7 est un profil parabolique comme l'illustre Figure IV–2. L'accord entre les résultats numériques et la solution analytique est évident.

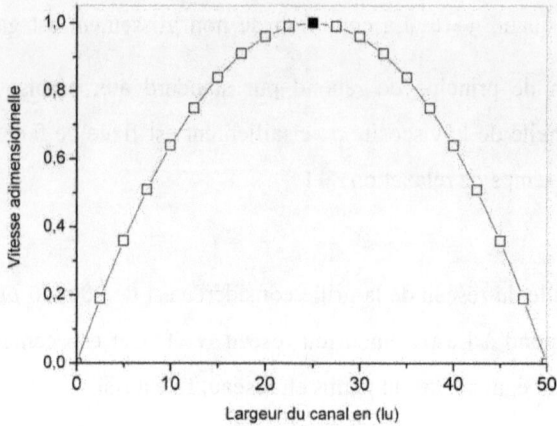

Figure IV–2 : Profile analytique (ligne continue) et numérique (les carrés) de la vitesse horizontale d'un écoulement de Poiseuille. *lu*: unité de largeur du réseau (*pixel*).

En fait, une correction de 0.5 suivant l'axe Y est à faire car, en réalité, la position des parois ne coïncide pas exactement avec les nœuds de bords, mais elle est à mi-chemin entre les nœuds de bord et les nœuds de voisinage [3, 4].

IV.4. Simulation BR dans un milieu poreux

La perméabilité est une mesure de la facilité de passage du fluide à travers un domaine ou une structure. Dans le cas d'un écoulement décrit par un nombre de Reynolds très faible de l'ordre de < 10, la relation la plus importante pour décrire le transport de fluide dans un milieu poreux est la loi de Darcy [5]:

$$q = -\frac{k}{\mu}\nabla p \qquad\qquad \text{(Eq. IV–10)}$$

où, q est défini comme le débit volumétrique du fluide dans le milieu poreux [kg.m^{-3}] et k est le coefficient de la perméabilité [m^2] qui mesure la conductivité d'un matériau poreux de l'écoulement. Ce coefficient dépend de la porosité, de la distribution et taille des pores et de l'inhomogénéité de la matière [6]. La loi de Darcy a été introduite à l'origine comme une relation empirique fondée sur les expériences faites sur un écoulement stationnaire dans un filtre de sable vertical. Elle est aussi considérée comme l'équation simplifiée de Stokes.

Soit, par exemple, le milieu poreux présenté dans la Figure IV–3. Il s'agit de l'image de la microstructure de silicium feuilleté, obtenue par microscopie électronique à balayage MEB (Figure IV–3-a). Après l'acquisition, cette image est traitée de manière à distinguer les zones fluides des zones solides (Figure IV–3-b). Cet exemple a déjà été étudié par le logiciel COMSOL Multiphysics basé sur la méthode d'éléments finis [7]. Pour simuler l'écoulement d'eau, on impose un gradient de pression à l'entrée et à la sortie du domaine.

La taille du domaine présenté en Figure IV–3-b est 552x276 *pixels* avec une longueur de référence de 640 microns, soit un espace entre les nœuds $\Delta x = 1.16 \mu m$ qui correspond à un écart adimensionnel de $\Delta x = 1$ dans le réseau Boltzmann. Dans le réseau, ρ_{init} prend la valeur adimensionnelle de 1. Un gradient de pression est imposé aux limites avec $\rho_{in} > \rho_{out}$, avec une vitesse initiale nulle dans le domaine, ce qui permet au fluide de se propager vers la sortie. La condition de rebond pur est appliquée aux surfaces. En appliquant le modèle LB-D2Q9, les variables inconnues à l'entrée et à la sortie du domaine de calcul sont calculées en utilisant les données du Tableau IV–1et les relations Eq. III-11 et Eq. III-12 pour la masse volumique et la vitesse macroscopique déjà mentionnées en chapitre III.

(a)   (b)

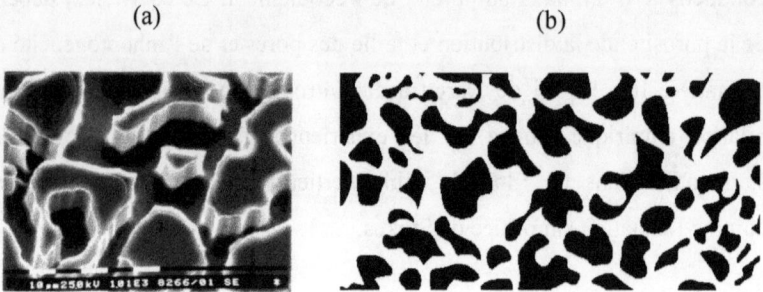

Figure IV–3 : Exemple d'un matériau poreux : (a) image MEB et (b) image traitée et prête à l'exploitation numérique (image extraite de [7]).

La loi de darcy est valable pour des nombres de Knudsen $Kn < 10^{-1}$ [2, 5] ce qui est le cas dans notre domaine de calcul. Rappelons que ce nombre est défini comme le rapport entre le libre parcours moyen et une longueur de référence représentative :

$$Kn = \lambda_{mfp} / \lambda_0 \qquad\qquad\qquad \text{(Eq. IV–11)}$$

Tableau IV–1 : Relations appliquées comme conditions aux limites à l'entrée et à la sortie du domaine présenté en Figure IV–3-b.

Entrée

connues	non connues
	$u_x = \rho_{in} - (f_0 + f_2 + f_4 + 2(f_3 + f_6 + f_7))$
ρ_{in}, f_0, f_2, f_3	$f_1 = f_3 + \frac{2}{3} u_x$
f_4, f_6, f_7	$f_5 = f_7 + \frac{1}{2}(f_4 - f_2) + \frac{1}{6} u_x$
	$f_8 = f_6 + \frac{1}{2}(f_2 - f_4) + \frac{1}{6} u_x$

Sortie

connues	non connues
$\rho_{out}, f_0, f_1, f_2$ f_4, f_5, f_8	$u_x = -\rho_{out} + (f_0 + f_2 + f_4 + 2(f_1 + f_5 + f_8))$
	$f_3 = f_1 - \frac{2}{3}u_x$
	$f_7 = f_5 + \frac{1}{2}(f_2 - f_4) - \frac{1}{6}u_x$
	$f_6 = f_8 + \frac{1}{2}(f_4 - f_2) - \frac{1}{6}u_x$

On montre en

Figure IV–4 les contours d'iso-vitesses horizontales résultants par (a) le logiciel COMSOL Multiphysics et par (b) le modèle (BR).

Figure IV–4-c présente les même résultats mais pour un réseau de 276x138 *pixels*.

Un milieu poreux est caractérisé par sa perméabilité évaluée à partir de la loi de Darcy. En remplaçant chaque variable par la valeur adimensionnelle correspondante du

Dans le cas étudié, la variation de la perméabilité en fonction du gradient de pression est tracée en Figure IV–5. Il est à remarquer que la perméabilité varie autour d'une valeur moyenne qui peut être considérée comme sa valeur asymptotique. Cette valeur doit être indépendante de la valeur de la viscosité et des valeurs numériques liées au réseau BR. Figure IV–6 montre qu'il en est bien ainsi : l'effet de la viscosité sur la variation de la perméabilité reste négligeable pour un écoulement visqueux.

Tableau IV–2 : Définition des variables adimensionnelles, $\Delta x, \Delta t, \Delta m$ **sont les constantes du réseau (longueur, temps, masse).**

$\Delta x = L/(N-1)$	$\upsilon' = \upsilon(\Delta x^2 / \Delta t)$
$\Delta t = (c_s/c_s')\Delta x$	$\rho' = (\rho \Delta m)/\Delta x^3$
$u' = u(\Delta x / \Delta t)$	$\Delta p' = (\Delta p \Delta m)/(\Delta x \Delta t^2)$

, la perméabilité adimensionnelle est donnée par :

$$k = \frac{\rho u^2}{\text{Re}\,\Delta p}$$

(Eq. IV–12)

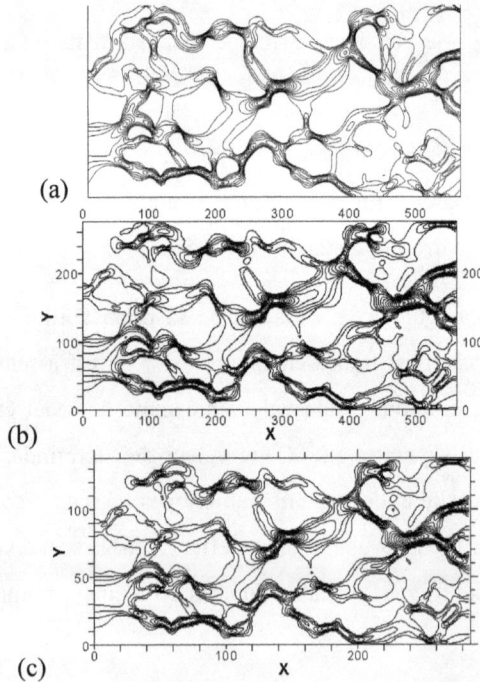

(a)

(b)

(c)

Figure IV–4 : Contours de vitesse horizontale calculés par COMSOL Multiphysics (a) et par un modèle BR de taille 552x276 *pixels* (b) et 276x138 *pixels* (c).

Dans le cas étudié, la variation de la perméabilité en fonction du gradient de pression est tracée en Figure IV–5. Il est à remarquer que la perméabilité varie autour d'une valeur moyenne qui peut être considérée comme sa valeur asymptotique. Cette valeur doit être indépendante de la valeur de la viscosité et des valeurs numériques liées au réseau BR. Figure IV–6 montre qu'il en est bien ainsi : l'effet de la viscosité sur la variation de la perméabilité reste négligeable pour un écoulement visqueux.

Tableau IV–2 : Définition des variables adimensionnelles, $\Delta x, \Delta t, \Delta m$ sont les constantes du réseau (longueur, temps, masse).

$\Delta x = L/(N-1)$	$\upsilon' = \upsilon(\Delta x^2 / \Delta t)$
$\Delta t = (c_s/c_s')\Delta x$	$\rho' = (\rho\Delta m)/\Delta x^3$
$u' = u(\Delta x / \Delta t)$	$\Delta p' = (\Delta p\Delta m)/(\Delta x\Delta t^2)$

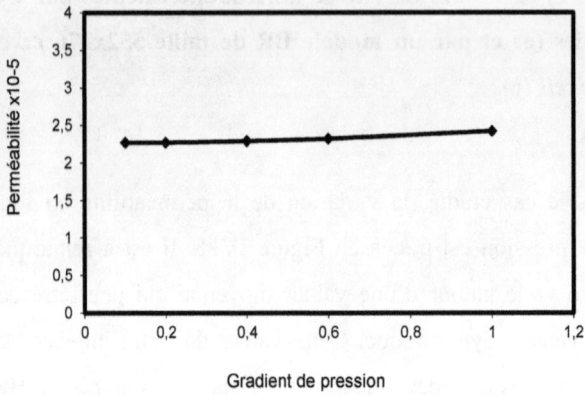

Figure IV–5 : Variation de la perméabilité adimensionnelle en fonction du gradient de pression.

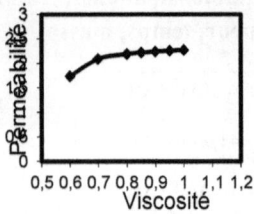

Figure IV–6 : Variation de la perméabilité adimensionnelle en fonction de la viscosité.

IV.5. Etude du transfert thermique par conduction dans un matériau bicouche

La modélisation des matériaux composites ou céramiques a fait l'objet de nombreuses études [8, 9, 10, 11, 12, 13, 14, 15]. Les modèles proposés surestiment souvent la valeur de la conductivité thermique effective (CTE) des matériaux étudiés et ne dépendent que de la porosité $\phi = 1 - V_s/V_{tot}$ où V_s représente le volume du solide dans le milieu et V_{tot} est le volume total du milieu étudié, cela signifie qu'ils ne prennent pas en considération la microstructure du milieu poreux (taille des pores, la distribution des pores et l'orientation). Dans la suite on parle des principaux modèles tentant de prédire la CTE de matériaux hétérogènes. Deux grandes familles de modèles peuvent être différenciées [16] :

1- Celles qui ne prennent pas en considération l'interface solide/solide (solide/fluide) : ce qui revient à considérer que l'interface ne constitue pas un obstacle à la propagation de la chaleur. Tableau IV–3 résume quelques modèles empiriques ayant pour but de déterminer la CTE d'un milieu hétérogène. Le flux thermique est supposé horizontal. Figure IV–7 trace les valeurs déduites de ces relations empiriques pour un matériau diphasique de rapport de conductivité $\kappa_1 : \kappa_2 = 1 : 100$.

2- Celles qui prennent en considération l'influence de l'interface en lui attribuant une valeur de résistance thermique appelée résistance thermique de contact (RTC) [17, 18] : cela nécessite la prise en considération de l'interface et engendre une difficulté supplémentaire de calcul et par la même un temps de calcul accru. La référence [18], propose un schéma basé sur le modèle BR et tient compte de cette résistance.

Tableau IV–3 : Modèles théoriques proposés pour déterminer la conductivité thermique effective d'un milieu hétérogène caractérisé par deux valeurs de conductivité thermique κ_1, κ_2. ϕ_1, ϕ_2 étant la fraction de volume de chaque phase (noir et/ou blanc) dans le domaine.

Modèle	représentation	relation théorique
Modèle en séries		$\kappa_{eff} = \dfrac{\kappa_1 \kappa_2}{\kappa_2 \phi_1 + \kappa_1 \phi_2}$
Modèle en parallèle		$\kappa_{eff} = \phi_1 \kappa_1 + \phi_2 \kappa_2$
Modèle de Maxwell-Eucken		$\kappa_{eff} = \dfrac{\phi_1 \kappa_1 + \phi_2 \kappa_2 \dfrac{3\kappa_1}{\kappa_2 + 2\kappa_1}}{\phi_1 + \phi_2 \dfrac{3\kappa_1}{\kappa_2 + 2\kappa_1}}$
Théorie du milieu effectif		$\phi_1 \dfrac{\kappa_1 - \kappa_{eff}}{\kappa_1 + 2\kappa_{eff}} + \phi_1 \dfrac{\kappa_2 - \kappa_{eff}}{\kappa_2 + 2\kappa_{eff}} = 0$
Modèle de Rayleigh		$\kappa_{eff} = \kappa_1 \dfrac{\kappa_2 + \kappa_2 + \phi_2(\kappa_2 - \kappa_1)}{\kappa_2 + \kappa_2 - \phi_2(\kappa_2 - \kappa_1)}$

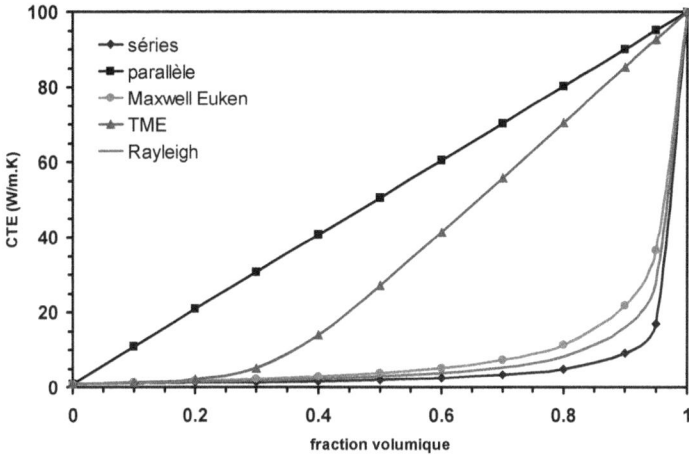

Figure IV–7 : Conductivité thermique effective en fonction de la fraction volumique d'un matériau bi-phasique $\kappa_1 : \kappa_2 = 1:100$.

Dans la suite, les résultats BR thermique sont comparés avec les solutions analytiques, les résultats des relations empiriques et le logiciel COMSOL Multiphysics.

IV.5.1. Comparaison avec la solution analytique

Le cas du flux de chaleur par conduction dans deux milieux différentes est considéré en Figure IV–8. Les surfaces en haut et en bas sont adiabatiques tandis que la température à l'entrée T_1 est maintenue supérieure à celle à la sortie T_2. La solution analytique prend la forme [19] :

$$T(x) = \begin{cases} T_1 - \dfrac{\kappa_2}{\kappa_1 + \kappa_2} * \dfrac{x}{l/2} * \Delta T & 0 \leq x \leq l/2 \\ \dfrac{2\kappa_1 T_1 - (\kappa_1 - \kappa_2)T_2}{\kappa_1 + \kappa_2} - \dfrac{\kappa_1}{\kappa_1 + \kappa_2} * \dfrac{x}{l/2} * \Delta T & h/2 \leq x \leq l \end{cases}$$ (Eq. IV–13)

où T est la température locale, κ_1, κ_2 la conductivité thermique des milieux 1 et 2 et l est la largeur totale du milieu étudié.

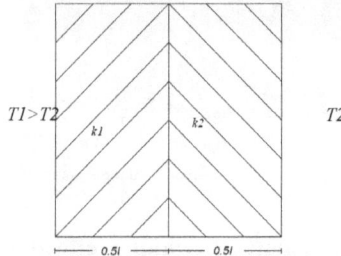

Figure IV–8 : Domaine de deux matériaux avec deux valeurs différentes de conductivité thermique $\kappa_1 : \kappa_2 = 1 : 2$.

Figure IV–9 montre trace la température dans un plan perpendiculaire à la direction du flux thermique. Le comportement linéaire est prévu, et l'accord entre la solution analytique et les résultats de la simulation par la méthode BR est remarquable. La Figure IV–10 représente la distribution de la température dans le domaine considéré.

IV.5.2. Comparaison avec les relations empiriques

Pour plus de généralité, on a choisi de comparer les résultats obtenus par notre code de calcul avec les valeurs obtenues par l'application des relations empiriques présentées au Tableau IV–3. Le Tableau IV–4 est établi pour le cas d'un modèle série et d'un modèle parallèle.

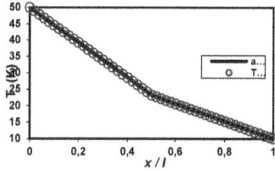

Figure IV–9 : Comparaison entre la solution analytique de l'équation Eq. IV-21 (ligne continue) et les résultats de la simulation par la méthode BR (cercles).

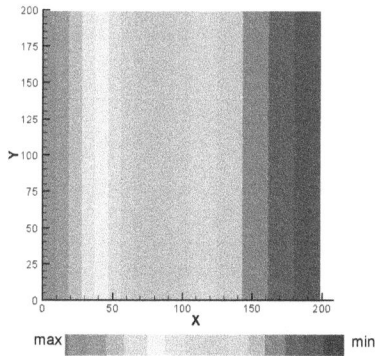

Figure IV–10 : Distribution de la température dans le domaine étudié en Figure IV–8.

Le milieu étudié se compose de deux matériaux dont les fractions volumiques sont identiques. La conductivité thermique est κ_1 pour le premier matériau et κ_2 pour le deuxième. D'autres rapports de conductivités sont envisageables [20] mais au détriment du temps de calcul nécessaire pour atteindre la convergence. On peut estimer la conductivité thermique équivalente par la relation :

$$\kappa_{eff} = \frac{L \int q.dA}{\Delta T \int dA} \qquad \text{(Eq. IV–14)}$$

où q est le flux thermique à travers une section d'une surface dA soumis à un champ thermique ΔT de longueur L. Cette valeur doit être indépendante de la variation de la température.

Tableau IV–4 : Comparaison pour la conductivité thermique effective entre les valeurs estimés par des relations empiriques et celles calculés par le code BR.

$\kappa_1 : \kappa_2$	modèle parallèle		modèle série	
	estimé W.m^{-1}.K^{-1}	calculé W.m^{-1}.K^{-1}	estimé W.m^{-1}.K^{-1}	calculé W.m^{-1}.K^{-1}
1 :2	1.50	**1.50**	1.333	**1.335**
1 :5	3.00	**2.992**	1.667	**1.671**
1 :10	5.50	**5.506**	1.818	**1.827**
1 :50	25.50	**25.505**	1.961	**1.969**
1 :100	50.50	**50.498**	1.98	**1.986**
1 :1000	500.5	**500.14**	1.998	**2.011**

On remarque la similitude entre les résultats numériques et les valeurs théoriques, cependant, ces deux modèles théoriques ne représentent pas la réalité exacte d'un milieu poreux et donc un autre cas de validation est nécessaire.

IV.5.3. BR et le logiciel COMSOL Multiphysics

Une étude de comparaison entre les résultats de BR et ceux obtenus par le logiciel COMSOL Multiphysics est proposée dans la suite. Le domaine présenté en Figure IV–11 est considéré en définissant deux milieux 1 et 2 avec une fraction volumique de 0.874 et 0.136, respectivement, et une conductivité thermique de $\kappa_1 = 2.5$ W.m^{-1}.K^{-1} et $\kappa_2 = 25$ W.m^{-1}.K^{-1}. En appliquant la relation du modèle du milieu effective (voir Tableau IV–3), on trouve théoriquement une valeur de CTE $\kappa_{eff} = 20.98655$ W.m^{-1}.K^{-1}.

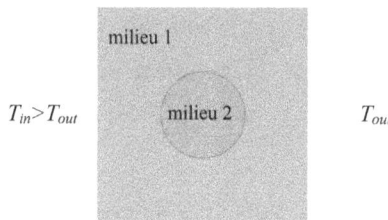

Figure IV–11 : Domaine étudié par le logiciel COMSOL Multiphysics et le code de calcul BR.

L'exploitation correcte de ce domaine à l'aide du logiciel COMSOL Multiphysics nécessite la définition d'un maillage adaptative raffiné autour du milieu 2 pour diminuer la source d'erreurs comme le montre Figure IV–12-a, alors que pour le code BR, un réseau de 513x513 *pixels* est défini afin de bien représenter la totalité du domaine, Figure IV–12-b.

(a)

(b)

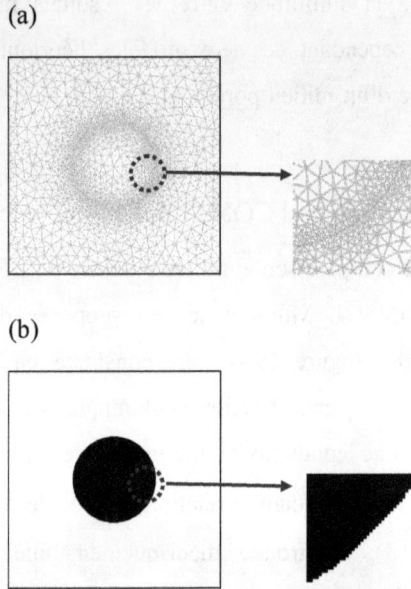

Figure IV–12 : (a) Maillage du domaine par COMSOL Multiphysics ; un effort supplémentaire est demandé pour définir le maillage adaptatif autour du milieu 2. (b) Domaine par BR ; le milieu 2 n'a plus la forme circulaire à cause de l'effet de pixellisation.

Les contours de la température sont tracés en Figure IV–13 pour la méthode EF et BR. La valeur de la conductivité thermique estimée par la méthode EF est $\kappa_{eff} = 20.339$ W.m^{-1}.K^{-1} et par la méthode BR $\kappa_{eff} = 20.435$ W.m^{-1}.K^{-1}. La seule interprétation de cette légère déviation de 0.5% entre les deux résultats peut être attribuée à la méthode de discrétisation suivie par chaque méthode de calcul.

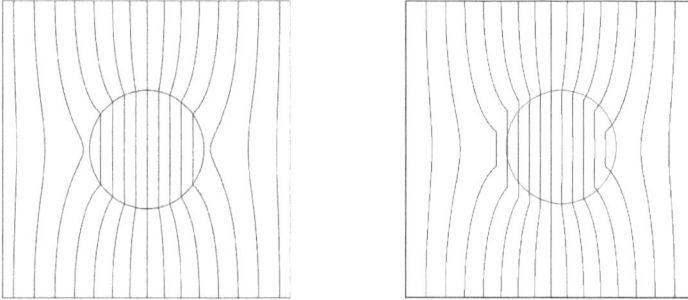

Figure IV–13 : Contours de la température dans le domaine étudié (à gauche) par la méthode EF et (à droite) par la méthode BR.

IV.6. Simulation thermique BR dans un milieu poreux

Un des modèles théoriques proposés pour traiter le milieu poreux déjà présenté en Figure IV–3 est la théorie du milieu effectif (voir Tableau IV–3). Ce modèle est destiné à traiter des milieux binaires avec des géométries complexes et son application à notre cas donne une valeur théorique de la CTE de $\kappa_{eff} = 1.105$ W.m^{-1}.K^{-1} pour $\kappa_1 = 0.5$ W.m^{-1}.K^{-1} (les pores) et $\kappa_2 = 2.5$ W.m^{-1}.K^{-1} (solide). Alors que avec la méthode BR cette valeur est $\kappa_{eff} = 0.9506$ W.m^{-1}.K^{-1}. Les contours de la température à travers le domaine sont présentés en Figure IV–14.

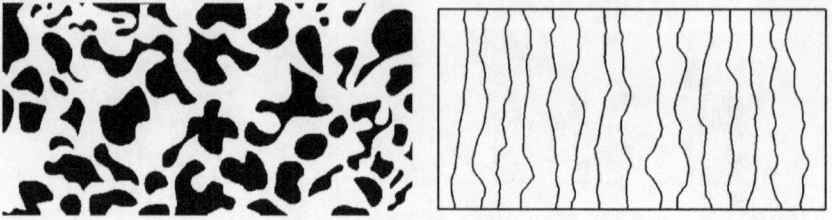

Figure IV–14 : Distribution du champ thermique à travers un milieu poreux pour $\kappa_1 / \kappa_2 = 0.5 / 2.5$.

Pour le cas où le solide est considéré comme mauvais conducteur par rapport aux pores, le champ thermique sera modifié et la valeur théorique de la CTE devient $\kappa_{eff} = 1.405$ W.m^{-1}.K^{-1} pour $\kappa_1 = 2.5$ W.m^{-1}.K^{-1} et $\kappa_2 = 0.5$ W.m^{-1}.K^{-1}. Par simulation BR on trouve une valeur de $\kappa_{eff} = 1.2921$ W.m^{-1}.K^{-1}. Les contours de la température à travers le domaine sont présentés en Figure IV–15.

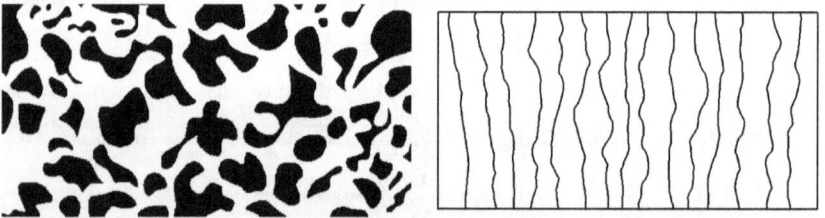

Figure IV–15 : Distribution du champ thermique à travers un milieu poreux pour $\kappa_1 / \kappa_2 = 2.5 / 0.5$.

IV.7. De l'espace bidimensionnel à l'espace tridimensionnel

La reconstruction d'un milieu poreux tridimensionnel est d'une grande importance pour une vaste variété d'applications dans des domaines variés tels que l'ingénierie, la biologie et la science des matériaux [21, 22]. La structure obtenue peut être utilisée pour prédire les propriétés de transport à l'aide des modèles empiriques [23] ou par simulation par moyen d'une méthode de discrétisation de type différences finies, éléments finis, volumes finis ou la récente alternative de Boltzmann sur réseau [11, 24].

La microstructure particulière des matériaux **céramiques** poreux joue un rôle principal sur la détermination de leurs propriétés physiques comme la perméabilité et la conductivité thermique, qui constitue notre domaine d'intérêt privilégié.

La reconstruction d'un milieu hétérogène présentant des propriétés stochastiques caractérisées par des fonctions statistiques est de grande importance pour plusieurs raisons :

- Les géométries tridimensionnelles digitales d'un matériau poreux sont difficiles à obtenir de façon directe expérimentalement.
- Une seule image bidimensionnelle représentative sur la structure suffit pour remonter à la structure tridimensionnelle.

Le critère le plus important pour juger la procédure de la reconstruction stochastique est sa capacité de reproduire la connectivité de la phase étudiée dans le matériau d'intérêt [25]. Une des mesures numériques appliquée est l'étude la surface volumique décrite dans cette thèse.

Citons par exemple, la reconstruction du milieu présenté en Figure IV–16. Il s'agit de l'image binaire de la microstructure du carbure de silicium avec une porosité de ~40% et sa corrélation S_2 pour une longueur de référence $R = 24$. Rappelons que :

$$\frac{d}{dr} S_2(r)\big|_{r=0} = -s/(2D) \; ; \; D = 3 \qquad \text{(Eq. II-11)}$$

et en comptant la surface d'interface de chaque *voxel* appartenant à une phase de référence, on trouve à la fin de la reconstruction une valeur de $s = 0.412$ qui donne une valeur de dérivé de 0.0687. La comparaison avec la pente de la courbe S_2 évaluée à 0.0687 montre un excellent accord et témoigne de la bonne qualité de la structure tridimensionnelle résultante de la reconstruction. La Figure IV–17 est la structure tridimensionnelle résultante de la procédure de la reconstruction stochastique. Il s'agit d'un domaine de 167^3 *voxels* avec une taille de ~300 μm^3.

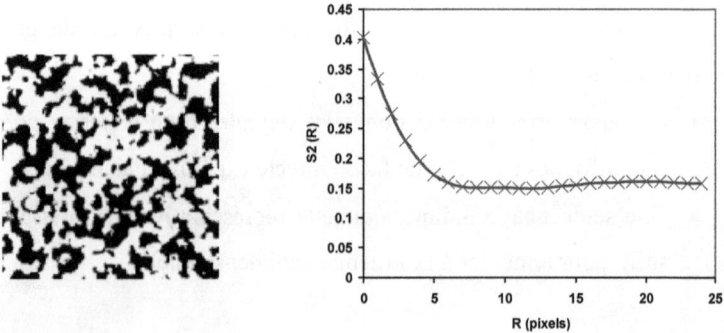

Figure IV–16 : Image binaire de *SiC* **avec une porosité estimée de ~40% (référence [23]) et la fonction de corrélation 2-points correspondante.**

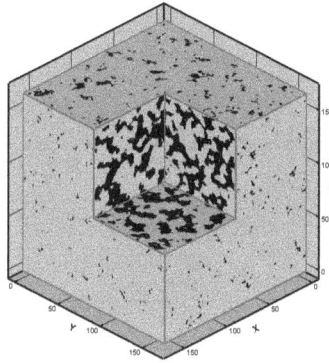

Figure IV–17 : Structure tridimensionnelle résultante de la reconstruction du milieu présenté en Figure IV–16.

La structure résultante de la procédure de reconstruction peut servir pour une estimation ultérieure des propriétés physiques du système étudié à l'aide d'un outil numérique approprié. Supposons que l'estimation de la conductivité thermique effective CTE du milieu déjà présenté en

Figure II–18 est souhaitée, et que la conductivité thermique des disques est de 1 $W.m^{-1}.K^{-1}$ et de 10 $W.m^{-1}.K^{-1}$ pour l'autre phase. La valeur de la CTE estimée par le modèle de Maxwell-Euken (Tableau IV–3) conduit à 4.198 $W.m^{-1}.K^{-1}$. L'application du champ thermique selon une des trois directions principales en gardant les deux directions restantes adiabatiques conduit à la valeur de la CTE, donnée dans le Tableau IV–5. La simulation s'est effectuée à l'aide d'un outil numérique basé sur la méthode de Boltzmann sur réseau BR-D3Q15.

Tableau IV–5 : Valeur de la CTE du milieu présenté en Figure II–19 ;
$\kappa_1 / \kappa_2 : 10/1$**.**

Direction	CTE (W.m^{-1}.K^{-1})
X	3.9923
Y	3.9859
Z	4.0152

On remarque que l'isotropie est perdue dans le domaine reconstruit. L'amélioration de l'isotropie de la structure reconstruite peut aussi se faire en balayant d'autres directions que les trois directions orthogonales principales [26, 27, 28].

D'un point de vue pratique, si la structure tridimensionnelle résultante de la procédure de reconstruction présente des propriétés physiques et structurales très proches de celles du milieu de référence, il est possible de considérer la reconstruction comme étant convenable.

Dans la suite de ce chapitre, nous présenterons les résultats 3D obtenus dans le cas d'écoulements isothermes de façon à déterminer la perméabilité et nous abordons l'investigation thermique des milieux poreux avec pour objectif de but de déterminer la conductivité thermique effective.

IV.8. Transport de matière

Généralement, l'étude expérimentale de l'influence des pores sur les propriétés des matériaux poreux nécessite d'effectuer plusieurs mesures ce qui est long et par là même onéreux en temps de calcul.

La détermination de la perméabilité par voie indirecte est ainsi justifiée de point de vue économique, en outre cette solution est plus efficace que la détermination par voie expérimentale en raison de la nature hétérogène des matériaux poreux qui impose l'exploitation de différents échantillons pour minimiser l'incertitude de la valeur mesurée.

Les modèles analytiques sont proposés dans la littérature comme une alternative pour une estimation de la perméabilité. En effet la perméabilité est un paramètre important à l'échelle macroscopique en ce qu'il représente les caractéristiques du fluide et du milieu poreux à l'échelle microscopique. Une des relations empiriques utilisée est l'équation de Kozeny-Carman [29, 30, 31] qui exprime la perméabilité k [m^2] comme une fonction de la porosité ϕ et de l'air de la surface volumique s [m^{-1}] :

$$k = \frac{\phi^3}{Cs} \qquad \text{(Eq. IV-15)}$$

où C est le coefficient de Kozeny, typiquement égal à 2.

Dans ce qui suit, on présente les différents résultats de simulation BR-D319 effectués sur des configurations 3D. Tout d'abord, le code est validé sur l'écoulement de Poiseuille, puis les résultats de la perméabilité sont comparés avec ceux analytiquement disponibles, enfin le cas d'un matériau céramique poreux sera étudié.

IV.8.1. Ecoulement dans un tube par simulation LB D3Q19

Dans un régime stationnaire, la solution analytique d'un écoulement dans un tube est connue [2, 5, 32]. Elle est donnée par :

$$u_z = \frac{\Delta p}{4\mu L_z}\left(R^2 - r^2\right) \qquad \text{(Eq. IV-16)}$$

avec une vitesse de valeur maximum le long de l'axe Z donné par:

$$u_z = \frac{\Delta p R^2}{4 \mu L_z}$$
(Eq. IV–17)

u_z la vitesse associée à la direction de l'écoulement, $\Delta p / L_z$ le gradient de pression appliqué, μ la viscosité dynamique, R le rayon du tube et r la distance du centre du tube vers le bord.

La Figure IV–18 montre la comparaison entre la solution analytique d'un écoulement dirigé par un gradient de pression $\Delta p / L$ dans un tube et le résultat de la simulation BR-D3Q19. La taille du réseau est $33 \times 33 \times 51$ *voxels*. Il s'agit du profil de la vitesse le long d'un plan parallèle à la direction de l'écoulement.

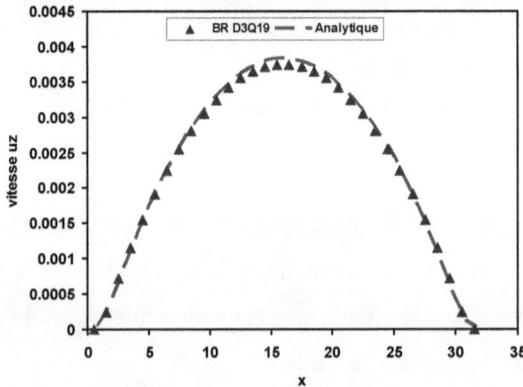

Figure IV–18 : Comparaison des profils de vitesse verticale entre la solution analytique et le résultat de simulation BR pour un écoulement de Poiseuille dans un tube.

Dans ce calcul 10000 itérations qui sont considérées comme suffisantes pour obtenir un régime stationnaire. Néanmoins, la relation Eq. IV-9 est applicable comme critère de convergence. Le domaine a été initialisé avec une masse volumique de 1, et un temps de relaxation est 1. Une chute de pression de 0.000667 est imposée selon l'axe z à l'entrée et à la sortie où les conditions périodiques sont maintenues. Il est clair qu'il y a un bon accord entre la solution analytique et les résultats obtenus par la simulation BR D3Q19.

IV.8.2. Ecoulement dans un cube rempli de sphères périodiques

Considérons en Figure IV-19 un réseau se composé de sphères reparties selon un modèle cristallin cubique simple. Le diamètre de chaque sphère est D. Pour determiner la permeabilité, il suffit d'isoler une cellule d'unité de taille L^3, Figure IV-19-b. Il s'agit d'un système de référence dont les valeurs de la perméabilité et des coefficients de force trainée sont connues. [33, 34]. La solution analytique de ce problème est donné par l'expression [35, 36] :

$$k = F_d \left(\frac{L^3}{6\pi a} \right) \qquad \text{(Eq. IV-18)}$$

$$F_d = \frac{C_d}{6\pi\mu a U} \qquad \text{(Eq. IV-19)}$$

où, μ est la viscosité dynamique du fluide, $a = D/2$, U la vitesse moyenne le long de la direction de l'écoulement, $F_d = f(C_d)$ étant la force de trainée reliée dont le coefficient dépend de la géométrie concernée [33, 34].

Un gradient de pression est maintenu selon la direction Z tandis que la condition de périodicité est appliquée selon les deux autres directions. Les résultats de la perméabilité par simulation sont résumés au Reprenons l'exemple décrit en Figure IV–16. Il s'agit d'un matériau céramique poreux. Le domaine reconstruit développe une surface volumique de $s' = s \times VoxelSize$ m-1. Dans le Tableau IV–7 figure la pérmeabilité calculée par la relation de Kozeny-Carman (Eq. IV-15), et par simulation BR-D3Q19, comparée aux valeurs expérimentales de la référence [23].

Tableau IV–6 pour différentes valeurs de L et D.

(a)   (b)

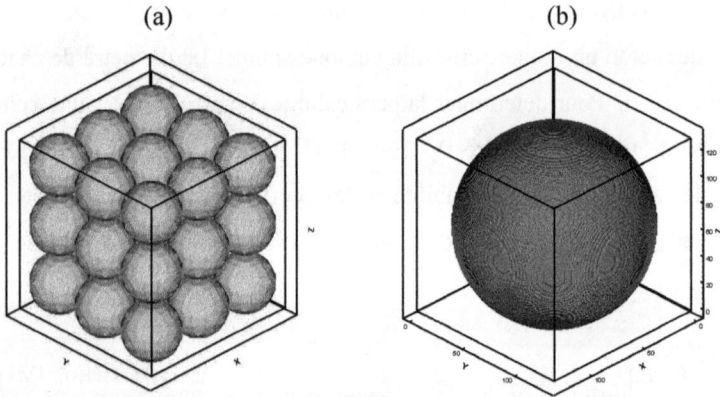

Figure IV–19 : (a) Cube rempli par des sphères monomodales. (b) Cellule unitaire avec une sphère centrée.

IV.8.3. Ecoulement dans un milieu poreux reconstruit

Reprenons l'exemple décrit en Figure IV–16. Il s'agit d'un matériau céramique poreux. Le domaine reconstruit développe une surface volumique de $s' = s \times VoxelSize$ m^{-1}. Dans le Tableau IV–7 figure la pérmeabilité calculée par la relation de Kozeny-Carman (Eq. IV-15), et par simulation BR-D3Q19, comparée aux valeurs expérimentales de la référence [23].

Tableau IV–6 : Comparaison entre les résultats analytiques et ceux de simulation BR-D3Q19 pour la perméabilité d'une matrice de sphères périodiques.

Diamètre de sphère	Longueur de cellule	k théorique [37]	k par simulation BR	Ecart
22	21	0.67098	0.70216	4.6%
66	63	6.1671	6.1155	0.8%
112	107	17.978	17.874	0.6%
138	131	25.114	24.902	0.8%

Tableau IV–7 : Comparaison de la perméabilité mesurée par voie expérimentale [23], estimée par voie empirique et calculée par simulation BR.

taille du réseau	aire de la surface volumique	k expérimentale [23]	k de la relation K-C [Eq. IV-15]	k par simulation BR-D3Q19
Voxel	m^{-1}	m^2	m^2	m^2
98^3	1.65x10^{-13}	**9.4x10^{-13}**	1.18x10^{-12}	8.94x10^{-13}
122^3	1.62x10^{-13}		1.22x10^{-12}	8.65x10^{-13}

140^3	$1.64\text{x}10^{-13}$			$1.19\text{x}10^{-12}$	$9.12\text{x}10^{-13}$

Le résultat de la reconstruction sert d'entrée pour l'outil numérique basé sur la méthode BR-D3Q19. Lors de la modélisation de l'écoulement dans ce milieu poreux, et à l'interface solide/pore, la condition du rebond pur est imposée..

Tableau IV–8 : Relations appliquées comme conditions aux limites à l'entrée et à la sortie du domaine présenté en Figure IV–17.

Relations de base

$$c_{z,in} = \rho_{in}(1 - (f_0 + f_1 + f_2 + f_3 + f_4 + f_6 + f_7 + f_8 + 2(f_9 + f_{10} + f_{13} + f_{14} + f_{17} + f_{18})))$$

$$c_{z,out} = \rho_{out}(1 - (f_0 + f_1 + f_2 + f_3 + f_4 + f_5 + f_7 + f_8 + 2(f_9 + f_{10} + f_{11} + f_{12} + f_{15} + f_{16})))$$

$$c_x = f_1 - f_2 + f_7 - f_8 + f_9 - f_{10}$$

$$c_Y = f_3 - f_4 + f_7 - f_9 + f_8 - f_{10}$$

Entrée (d'en bas)

connues	non connues
$u_x = u_y = 0$ $\rho_{in}, f_0, f_1, f_2, f_3, f_4, f_6$ $f_7, f_8, f_9, f_{10}, f_{13}, f_{14}, f_{17}, f_{18}$	$u_z = c_{z,in}$ $f_5 = f_6 + \frac{1}{3}u_z$ $f_{11} = f_{14} - \frac{1}{2}c_x + \frac{1}{6}u_z$ $f_{12} = f_{13} + \frac{1}{2}c_x + \frac{1}{6}u_z$ $f_{15} = f_{18} - \frac{1}{2}c_y + \frac{1}{6}u_z$ $f_{16} = f_{17} + \frac{1}{2}c_y + \frac{1}{6}u_z$

Sortie (d'en haut)

connues	non connues
$u_x = u_y = 0$ $\rho_{out}, f_0, f_1, f_2, f_3, f_4, f_5$ $f_7, f_8, f_9, f_{10}, f_{11}, f_{12}, f_{15}, f_{16}$	$u_z = c_{z,out}$ $f_6 = f_5 - \frac{1}{3}u_z$ $f_{14} = f_{11} - \frac{1}{2}c_x - \frac{1}{6}u_z$ $f_{13} = f_{12} + \frac{1}{2}c_x - \frac{1}{6}u_z$ $f_{18} = f_{15} - \frac{1}{2}c_y - \frac{1}{6}u_z$ $f_{17} = f_{16} + \frac{1}{2}c_y - \frac{1}{6}u_z$

Une chute de pression est imposée à l'entrée et à la sortie du domaine selon l'axe Z tandis que les autres parois sont soumises à la condition de rebond pur à mi-chemin. Le Tableau IV–8 donne les relations appliquées comme conditions aux limites à l'entrée/sortie en suivant le processus détaillé au chapitre III et donne des termes de correction mentionnés dans le travail de Hecht et Harting [38] qui ont été utilisés

IV.9. Transfert de la chaleur par conduction

Pour mieux comprendre le mécanisme de transfert de chaleur par conduction dans les matériaux composites ou poreux, la conductivité thermique effective est étudiée en 3D. Les applications concernées concernent le domaine de l'agriculture [8], de l'industrie pétrolière [9], et le génie des matériaux hétérogènes (composites ou poreux) [10]. La conductivité thermique effective est un paramètre qui caractérise le transport d'énergie dans un milieu poreux et elle est déterminé par des approches expérimentales et théoriques qui sont limitées par la complexité des géométries examinées où la conductivité thermique effective dépend de la conductivité thermique de chaque phase, du taux de porosité et de la microstructure de ce milieu (la distribution et la taille des pores).

Nous exploitons ici des images bidimensionnelles qui montrent la structure d'un matériau poreux, Figure IV–20.

Ces images ne sont pas directement exploitables. Un traitement est appliquée afin d'avoir une image binaire où la région solide est présenté en noire (ou blanc) tandis que les pores sont en blanc (ou noire).

La Figure IV–21 présente des images MEB de structure de l'oxyde d'étain SnO_2 dopée par MnO_2. Ces images ont été à l'origine étudiées par Absi et al. [39] en 2D à l'aide du logiciel ABAQUS fondé sur la méthode d'éléments finis.

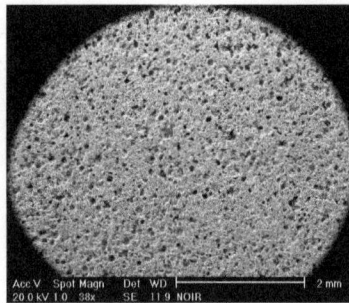

Figure IV–20 : Image MEB de la microstructure de carbure de silicium SiC **(porosité en noir).**

Le premier pas dans le traitement d'image est de rendre l'image binaire en appliquant la procédure de la segmentation (binarisation). Soit une image MEB avec des niveaux de gris entre 0 et 255 ; les pixels qui ont un niveau de gris plus grand (ou petit) qu'une certaine valeur arbitraire représenteront la phase solide (ou des pores) avec une valeur binaire de 1 (ou 0) dans l'image résultante. Ici, sont extraites des images bidimensionnelles, traitées pour avoir le même taux de porosité mentionné dans le travail de Absi puis la procédure de reconstruction stochastique décrite au chapitre II est appliquée. La « température » initiale est calculée après les premières 1000 solutions considérées comme bonnes et avec une probabilité de 0.7 selon les relations Eq. II-20 et Eq. II-21.

La diminution de la température s'effectue selon un schéma classique (Eq. II-22) par un coefficient $\alpha = 10\%$ après un nombre N convenu d'itérations (ici $N = 1000$) :

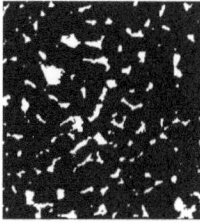

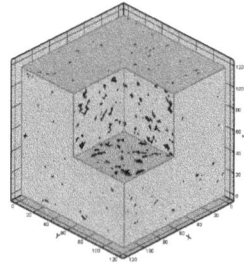

(a) la fraction des pores est 11%

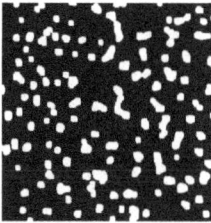

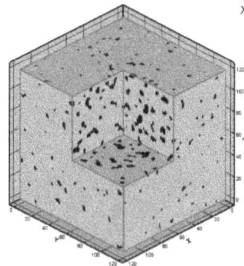

(b) la fraction des pores est 18%

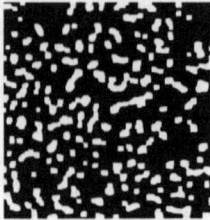

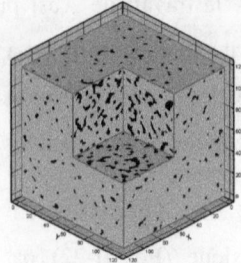

(c) la fraction des pores est 25%

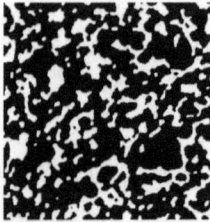

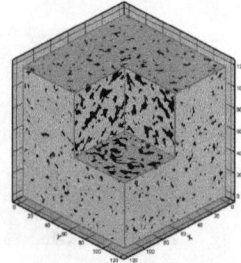

(d) la fraction des pores est 32%

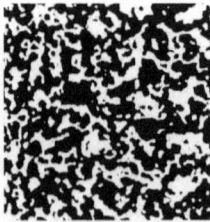

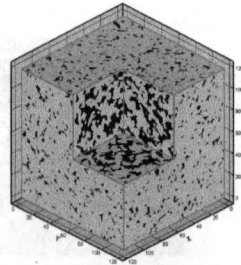

(e) la fraction des pores est 40%

Figure IV–21 : Images binaires de la structure d'oxyde d'étain extraites référence [39] à gauche (les pores sont en blanc), et représentation tridimensionnelle résultante de la procédure de la reconstruction à droite (les pores ici sont en noir).

La région de l'étude est de 8^3 μm^3 et le domaine de la reconstruction est limité à 120^3 *voxels*, ce qui signifie qu'un *voxel* représente $0.48\mu m^3$.

Pour la simulation des différents domaines présentés en Figure IV–21, un gradient de température ΔT est imposé selon l'axe X à l'entrée et à la sortie du domaine de calcul tandis que les autres parois sont maintenus adiabatiques. On considère que les pores sont remplis par l'air dont la conductivité thermique est reliée à la température. Tableau IV–9 résume les propriétés physiques des deux phases considérées.

Tableau IV–9 : Propriétés physiques de l'oxyde d'étain et de l'air à une température 300 K.

	ρ [kg.m^{-3}]	C_p [J.kg^{-1}.K^{-1}]	κ [W.m^{-1}.K^{-1}]
air	1.205	$1.005 \times 10^{+3}$	0.0257
SnO_2	$698 \times 10^{+3}$ [40]	351.33 [41]	50

La conductivité thermique effective est calculée sur la base du flux thermique moyen vu à la sortie du domaine du calcul. On trace en Figure IV–22 toutes les valeurs CTE estimées par des relations empiriques résumées au Tableau IV–3, celles résultantes par simulation par éléments finis [39] en négligeant la contribution de la conductivité thermique de l'air et celles obtenues par la méthode des différences finies [42].

On constate que les valeurs de la CTE restent proches des valeurs théoriques tant que le taux de porosité est faible, et que plus la porosité augmente plus les résultats des simulations s'éloignent des résultats empiriques.

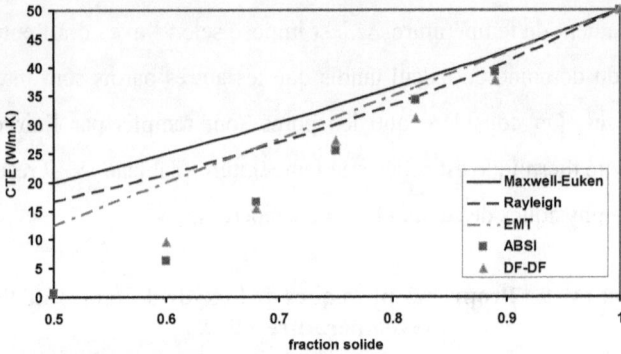

Figure IV–22 : Comparaison des valeurs de la CTE en fonction de la masse volumique relative estimées par des relations empiriques, simulation ABAQUS [39], simulation DF-DF.

La Figure IV–23 est une comparaison entre les valeurs de la CTE sortantes d'une estimation basée sur une image bidimensionnelle et celles estimées d'un domaine tridimensionnel en utilisant le même schéma numérique. Les résultats de la CTE sont très proches des valeurs que l'on peut trouver en appliquant le modèle de Maxwell-Eucken. Il faut constater que l'écart entre les deux estimations numériques augmente avec la porosité ce qui signifie que la représentation tridimensionnelle est cruciale lors du calcul de la conductivité thermique d'un matériau (très) poreux.

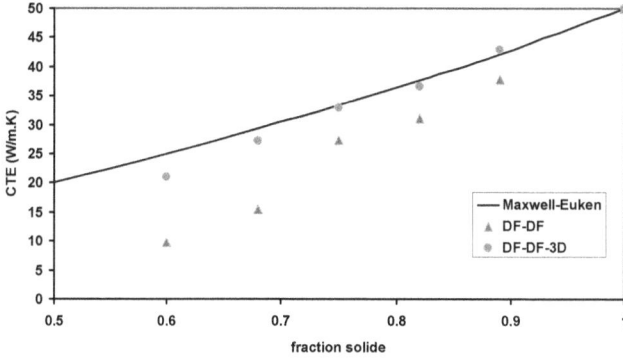

Figure IV–23 : Comparaison des valeurs de la CTE estimées dans un domaine bidimensionnel et tridimensionnel.

IV.9.1. Influence de la distribution des phases constituantes

Pour préciser l'influence de la distribution des pores dans la structure sur le comportement thermique, cinq réalisations tridimensionnelles sont générées aléatoirement de façon à ce que chacune présente un taux de porosité identique à celui des domaines reconstruits en Figure IV–21 (a-e). La Figure IV–24 est la corrélation 2-points des domaines aléatoirement générés comparés à celle des domaines déjà reconstruits en Figure IV–21, et montre la différence entre deux structures de même taux de porosité.

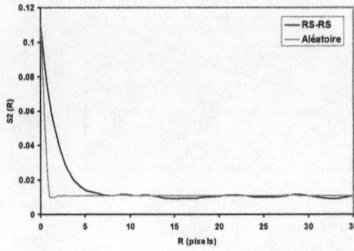

(a) la porosité 11%

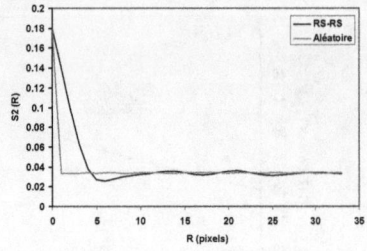

(b) la porosité 18%

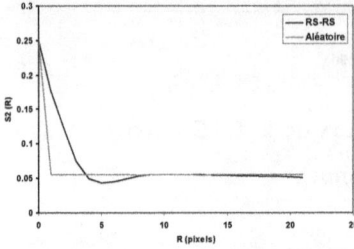

(c) la porosité 25%

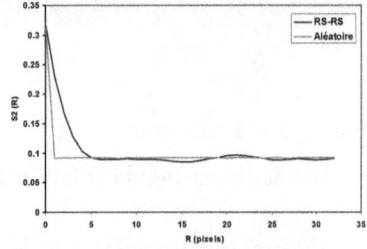

(d) la porosité 32%

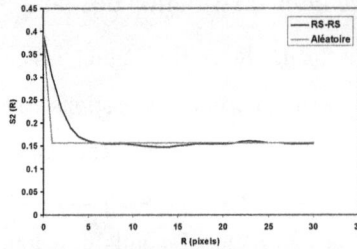

(e) la porosité 40%

Figure IV–24 : Fonction de corrélation S_2 étudiée dans les domaines tridimensionnels générées aléatoirement et reconstruites stochastiquement par le schéma de recuit simulé.

La Figure IV–25 permet la comparaison des valeurs de la CTE estimées dans les domaines tridimensionnels générés aléatoirement et reconstruits par le schéma de recuit simulé. La nette différence souligne l'importance qu'il faut accorder à la qualité de la présentation de la phase des pores (ou les inclusions) dans un modèle numérique qui traite du phénomène de transfert de chaleur.

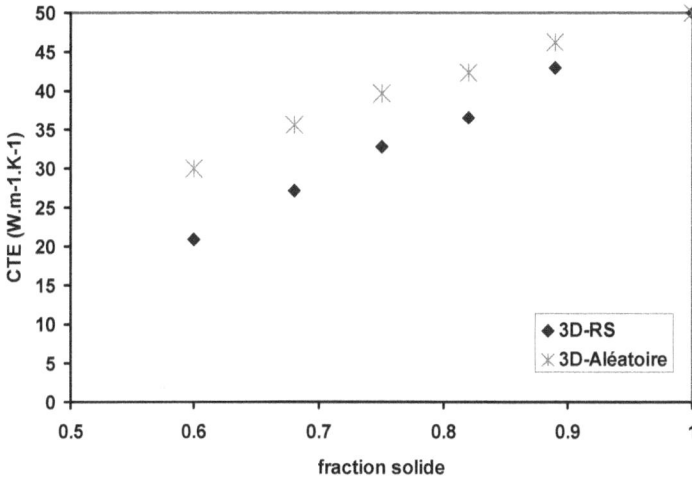

Figure IV–25 : Comparaison des valeurs de la CTE en fonction de la masse volumique relative dans des domaines aléatoires et reconstruits.

IV.9.2. Influence du champ thermique imposé

Aucune influence importante du champ thermique appliqué n'a été numériquement observée sur la valeur de la conductivité thermique effective. Ce constat découle du tracé de la CTE en fonction de ΔT en Figure IV–26 pour laquelle la déviation pour un champ thermique de 700 (K) ne dépasse pas 0.1%.

IV.9.3. Influence de la taille du domaine

Reprenons l'exemple présenté en Figure IV–16, la conductivité thermique effective est estimée pour des réseaux : 98^3, 122^3, 140^3 et 167^3, avec une taille du domaine correspondant de $300 \mu m^3$. Les propriétés physiques des deux phases sont données au Tableau IV–10. Le Tableau IV–11 contient la CTE sortante de la simulation. La légère différence entre les différentes valeurs peut être attribuée à la valeur exacte de la porosité contenue ou même à la fonction du coût E_{min} atteinte lors de la reconstruction et qui a une influence directe sur la structure résultante comme il a déjà été discutée au chapitre II.

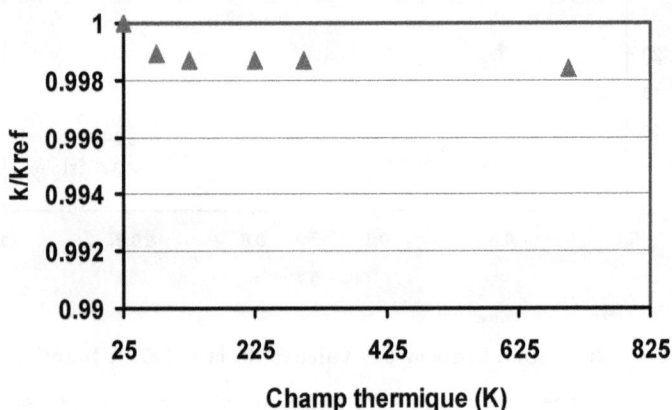

Figure IV–26 : Conductivité thermique effective en fonction du champ thermique appliqué.

Tableau IV–10 : Propriétés physiques du carbure de silicium *SiC* **et de l'air à une température 300** *K* **. (référence [43].)**

	ρ [kg.m^{-3}]	C_p [J.kg^{-1}.K^{-1}]	κ [W.m^{-1}.K^{-1}]
air	1.205	1.005x10^{+3}	0.0257
SiC	3.21x10^{+3}	680.72	116.46

Tableau IV–11 : Valeur de la CTE estimée dans différents taille de réseaux.

Echantillon (*voxels*)	fraction des pores (%)	E_{min} de la reconstruction	CTE (W.m^{-1}.K^{-1})
98^3	40.11	1x10^{-7}	42.6942
122^3	40.22	2.5x10^{-7}	41.8867
140^3	40.19	5.5x10^{-6}	40.7594
167^3	40.17	9.37x10^{-5}	40.4393

IV.10. Conclusions du chapitre

Un outil numérique, fondé sur la méthode de Boltzmann sur réseau est exploité pour simuler les phénomènes d'écoulement et de transfert de chaleur en 2D. L'étude d'une structure poreuse est menée en introduisant une image de structure traitée de manière à distinguer les constituants du matériau.

Les premiers résultats de cette technique testée sur des configurations bidimensionnelles montrent l'aptitude de la méthode à simuler avec une bonne précision les phénomènes de transfert de chaleur et de masse. Toutefois l'estimation de la perméabilité et de la conductivité thermique effective dans un milieu poreux 2D est de faible intérêt car elle ne rend que très partiellement compte de la complexité du matériau 3D. C'est ce qui justifie l'extension de l'étude à l'espace tridimensionnel avec une structure 3D.

L'étude numérique en 3D est alors suivie dans le cadre de la caractérisation des matériaux poreux. Dans ce but, la microstructure tridimensionnelle est indispensable et un outil numérique fondé sur la technique de la reconstruction stochastique à l'aide du schéma du recuit simulé est exploité. A l'aide de cet outil, l'aire de la surface volumique est déterminée dans la structure résultante de la procédure de la reconstruction. Ce paramètre donne une idée sur la qualité de la structure reconstruite, mais peut aussi servir comme entrée pour une estimation empirique de la perméabilité.

La structure reconstruite peut aussi être utilisée comme une donnée d'entrée pour un outil numérique capable d'estimer les propriétés physiques d'un matériau poreux, dans cette étude ce sont, la perméabilité et ce que l'on appelle, la conductivité thermique effective. Les résultats présentés montrent la capacité d'un outil BR ou DF à fournir une évaluation de la perméabilité et de la conductivité thermique effective comparable avec ceux que l'on trouve dans la littérature.

Bibliographie du chapitre IV

[1] Franck P. Incropera, David P. DeWitt, Fundamentals of heat and mass transfer. 5th edition. New York: J. Wiley & Sons © 2002.

[2] Bird, R. B., W. E. Stewart and E. N. Lightfoot, Transport Phenomena, 2nd Ed. John wiley and sons, Inc., New York, U.S.A. (2002).

[3] M. C. Sukop et D. T. Thorne, Lattice Boltzmann Modeling. An Introduction for Geoscientists and Engineers. Springer Publications (2006).

[4] Al-Zoubi A. (2006): Numerical Simulations of Flows in Complex Geometries Using the Lattice Boltzmann Method, Doctoral Thesis. Clausthal Germany.

[5] Muhammed E. Kutay, Ahmet H. Aydilek, Eyad Massad. Laboratory validation of lattice Boltzmann method for modelling pore-scale flow in granular materials. Computers and Geotechnics 33 (2006) 381-395.

[6] http://en.wikipedia.org/wiki/Permeability_(earth_sciences).

[7] COMSOL Multiphysics 3.5.a Package: Earth Science Module. Model Library.

[8] Huai X., Wang W. and Li Z, Analysis of the effective thermal conductivity of fractal porous media. Appl. Th. Eng. 27 2815-2821 (2007).

[9] Wang J., Carson J., North M., and Cleland D., A new approach to modelling the effective thermal conductivity of heterogeneous materials, Int. J. Heat and Mass Trans. 49 3075-3085 (2006).

[10] Floury J., Carson J. and Tuan-Pham Q., Modelling thermal conductivity in heterogeneous Media with the Finite Element Method. Food Bioprocess Technol (2007).

[11] Naitali B., Elaboration, caractérisation et modélisation de matériaux poreux. Influence de la structure poreuse sur la conductivité thermique effective, Thèse soutenue à Limoges-France (2005).

[12] M. Wang, J. Wang, N. Pan, S. Chen et J. He, Three dimensional effect on the effective thermal conductivity of porous media, J. Phys. Appl. Phys. (2007) 40 260-265.

[13] M. Wang et al. Mesoscopic predictions of the effective thermal conductivity for microscale random porous media. Moran Wang, Jinku Wang, Ning Pan et Shiyi Chen. 2007 Phys. Rev. E 75, 036702.

[14] M. Wang et al. Modelling and prediction of the effective thermal conductivity of random open-cell porous foams. Moran Wang, Ning Pan Int. J. of Heat and Mass Trans. 2008.

[15] M. Wang et al. Mesoscopic simulations of phase distribution effects on the effective thermal conductivity of microgranular porous media. J. of Colloid and interface Science 311 (2007) 562-570.

[16] Bruno Vergne, Mise en forme de composites NanoTubes de Carbone/Alumine et modélisation de leur conductivité thermique. Thèse soutenue à la FST-Limoges (2007).

[17] Hamid Belghazi, Modélisation analytique du transfert instationnaire de la chaleur dans un matériau bicouche en contact imparfait et soumis à une source se chaleur en mouvement : Application aux traitements de surface par laser et projection plasma. Thèse soutenue à la FST-Limoges (2008).

[18] K. Han, Y.T. Feng and D.R.J. Owen, Modelling of thermal contact resistance within the framework of the thermal lattice Boltzmann method, International Journal of Thermal Sciences 47 (2008) 1276–1283.

[19] J. Wang. Moran Wang et Zhixin Li. A lattice Boltzmann algorithm for fluid-solid conjugate heat transfer. Int. J. Therm. Sci. 46 (2007) 228-234.

[20] M. Wang and N. Pan, Predictions of effective physical properties of complex multiphase materials, Materials Science and Engineering R 63 (2008) 1-30.

[21] M. N. Rahaman, Ceramic Processing and Sinering, Second edition, CRC Press Taylor & Francis Group © 2003.

[22] Philippe Boch (Sous la direction de), Matériaux et processus céramiques Hermès Science Publications © 2001.

[23] M. G. Politis, E. S. Kikkinides, M. E. Kainourgiakis, A. K. Stubos, A hyprid process-based reconstruction method of porous media, Microporous and Mesoporous Materials 110 (2008) 92-99.

[24] X. Zhao, J. Yao, Y. Yi, A new stochastic method of reconstructing porous media, Transp. Porous Med. (2007) 69; 1-11.

[25] C. Manwart, S. Torquato, R. Hilfer, Stochastic reconstruction of sandstones, Phys. Rev. E Vol. 62 (2000) 893-899.

[26] Y. Jiao, F. Stillinger and S. Torquato, Modeling Heterogeneous Materials via Two-Point Correlation Functions: Basic principles, Phys. Rev. E Vol. 76 (2007) 031110 (15).

[27] Y. Jiao, F. Stillinger and S. Torquato, Modeling Heterogeneous Materials via Two-Point Correlation Functions. II Algorithmic details and applications, Phys. Rev. E Vol. 77 (2008) 031135 (15).

[28] D. Cule and S. Torquato, Generating random media from limited microstructural information via stochastic optimization, J. App. Phys. Vol. 86 (1999) 3428-3437.

[29] M. Singh, K. K. Mohanty, Permeability of spatially correlated porous media, Chemical Eng. Sci. 55 (2000) 5393-5403.

[30] Yusong Li, Eugene J. LeBoeuf, P.K Basu, Sankaran Mahadevan, Stochastic modeling of the permeability of randomly generated porous media, Advances in water Resources 28 (2005) 835-844.

[31] A. Koponen, M. Kataja, and J. Timonen, Permeability and effective porosity of porous media, Phys. Rev. E 56 (1997) 3319-3325.

[32] A.R. Videla, C.L. Lin, J.D. Miller, Simulation of saturated fluid flow in packed particle beds-The lattice-Boltzmann method for calculation of permeability from XMT images, J. of the Chinese Inst. Of Chem. Eng. Vol 39 issue 2 (2008) p117-128.

[33] R. E. Larson and J. J. L. Higdon, A periodic grain consolidation model of porous media, Phys. Fluids A 1 (1989) 38-46.

[34] Reghan J. Hill, Donald L. Koch and Anthony J. C. Ladd, Moderate-Reynolds-number flows in ordered and random arrays of spheres, J. Fluid Mech. (2001) vol 448, pp 243-278.

[35] Youngseuk Keehm and Tapan Mukerji, course GP200, Fluids and Flow in the Earth: Outstanding Problems and Computational Methods. Stanford 2005. http://srb.stanford.edu/GP200 .

[36] Chongxum Pan, Li-Shi Luo, Cass T. Miller, An evaluation of lattice Boltzmann schemes for porous medium flow simulation. Computers & fluids 35 (2006) 898-909.

[37] L. O. E. dos Santos, C. E. P. Ortiz, H. C. de Gaspari, G. E. Haverrouth, P. C. Philippi, Prediction of intrinsic permeabilities with lattice Boltzmann Method, Procedings of COBEM 2005.

[38] Martin Hecht and Jens Harting, Implementation of on-site velocity boundary conditions for D3Q19 lattice Boltzmann simulations, J. Stat. Mech.: Theory and Experiment (2010) P01018.

[39] S. GrandJean, J. Absi, D.S. Smith, Numerical Calculations of the thermal conductivity of porous ceramics based on micrographs, J. Euro. Ceramics Soci. 26 (2006) 2669-2676.

[40] D. Taylor, Trans. J. British Ceramic Soc., V 83(2) (1984) p32.

[41] L.B. Pankratz, US Bureau of Mines Bulletin (1982) 672.

[42] Ken Wohletz, HEAT3D:Magmatic Heat Flow Calculation, Los Alamos National Laboratory, http://geodynamics.lanl.gov/wohletz/Heat.htm .

[43] Saint-Gobain Advanced Ceramics data sheet and A. Goldsmith and T.E. Waterman, WADC Tech. report 58-476, ASTIA document no. 207905 (1959).

Conclusions générales et perspectives

Ce travail s'inscrit dans la continuité des travaux de modélisation et des activités de recherche menées au sein du laboratoire SPCTS (Sciences des Procédés Céramiques et Traitement de Surface). Il est un premier pas dans le domaine de l'étude numérique d'un matériau bi-phasique. Il est nécessaire de préciser que le mot phase désigne ici l'état de la matière : solide, liquide ou gazeuse.

Cette étude se propose de déterminer la perméabilité et la conductivité thermique effective des matériaux poreux isotropes à partir d'un volume représentatif reconstruit à l'aide d'une image de microstructure du matériau. Elle essaie de répondre aux questions suivantes :

- Comment peut-on caractériser un matériau « poreux » de façon économique?
- Est-il possible de bénéficier des développements informatiques actuels pour procéder à des essais de métrologie « numérique » et ainsi diminuer l'impact sur l'environnement, c'est-à-dire adopter une démarche « écologique »?

Dans un premier chapitre nous avons rapidement présenté, un rappel des techniques d'imagerie et de traitement d'image avec leurs applications aux matériaux céramiques poreux. Une image de type matricielle peut être obtenue par microscopie électronique à balayage et notre étude est fondée sur ce type d'image. Cette image doit nécessairement être traitée avant son utilisation et nous avons montré que ce qu'il est généralement connu d'appeler "traitement d'image" joue un rôle extrêmement important lors de la définition de la structure morphologique du matériau.

Le deuxième chapitre est consacré à la description détaillée de la reconstruction tridimensionnelle. De nombreux schémas sont disponibles dans la littérature pour cette opération, mais pour des raisons de simplicité, d'universalité et d'efficacité en termes de temps de calcul le schéma du recuit simulé est préféré à des méthodes de minimisations concurrentes.

Ce schéma est certes moins onéreux et plus rapidement traité que la tomographie RX ou neutronique mais présente le désavantage de ne conduire qu'à une solution 3D statistiquement admissibles.

Le troisième chapitre détaille la méthode numérique de Boltzmann sur réseau qui a été proposée pour évaluer la conductivité thermique et la perméabilité des matériaux et qui rencontre actuellement beaucoup de succès dans ce domaine. Dans ce chapitre sont aussi présentés des modèles de la littérature et les conditions aux limites développées, ainsi que d'autres méthodes numériques de discrétisation comme les différences finies, les éléments finis et les volumes finis.

Enfin le quatrième chapitre présente les résultats pratiques obtenus sur l'évaluation de la perméabilité et la conductivité thermique effectives, comparés à ceux des études expérimentales et numériques précédentes. La présentation des différents résultats dans des configurations bidimensionnelles montre l'aptitude d'un outil numérique fondé sur la méthode Boltzmann sur Réseau en tant que modèle approprié pour simuler les phénomènes de transfert de chaleur et de transport de matière. Dans les cas, où les domaines à étudier sont axisymétriques, l'étude d'un écoulement bidimensionnel est considérée comme suffisante pour la détermination des propriétés. Le passage à une structure 3D reconstruite aide à affiner les phénomènes réels rencontrés.

Nous nous sommes intéressés à deux propriétés du milieu poreux: la perméabilité au moyen de la loi de Darcy appliquée aux écoulements isothermes et la conductivité thermique par application de la loi de Fourrier c'est-à-dire lorsque le transfert de la chaleur est dû à la conduction pure.

Il apparaît en outre dans une publication récente[*] (voir chapitre III) que les propriétés mécaniques liées au module d'élasticité sont susceptibles d'être évaluées par la méthode de Boltzmann sur réseau. De même les propriétés capillaires du milieu reconstruit devraient être étudiées.

L'étude numérique d'un milieu poreux impose deux étapes : l'extraction d'un échantillon numérique par un outil de reconstruction et l'évaluation des propriétés de cet échantillon « numérique » à l'aide d'un outil de calcul de dynamique des fluides.

Pour la perméabilité, la comparaison des résultats obtenus numériquement avec ceux des études expérimentales et numériques de la littérature montre la capacité de la procédure numérique proposée à produire des résultats d'estimation très proches des évaluations expérimentales.

Il en est de même pour la conductivité thermique, ou la procédure numérique permet d'obtenir une valeur de conductivité thermique « effective » d'un matériau poreux. Les résultats obtenus montrent l'influence de la structure 3D et de la répartition des pores sur les résultats.

---

[*] M. Wang, N. Pan, Elastic property of multiphase composites with random microstructures, J. Compu. Phys. 228 (2009) 5978-5988.

A court et moyen termes, les perspectives de ce travail doivent tendre à effacer les limitations de ce type d'approche et à l'étendre à d'autres applications.

Θ ***En ce qui concerne la procédure de la reconstruction il faut :***
- Identifier et maîtriser les différents paramètres qui jouent un rôle sur la structure résultante, notamment lors du choix d'un voxel pour l'échange et lors de la baisse de la « température du recuit ».
- Seules la fonction de corrélation S_2 et la fonction de chemin linéaire sont utilisées dans cette étude; mais d'autres corrélations morphologiques sont applicables comme par exemple la fonction d'amas 2-points et la fonction de distribution de taille des pores.
- L'extension de l'algorithme aux structure anisotropes permettra l'étude du cas des dépôts par projection thermique ce qui à l'évidence constitue pour notre laboratoire un objectif. Ce cas impose la détermination des fonctions morphologiques dans plusieurs directions.
- Étudier le cas des distributions de matières dites « fractals » qui sont d'intérêt théorique.

Θ ***En ce qui concerne la simulation des phénomènes physiques il faut:***
- Exploiter les études consacrées au développement d'algorithmes « optimaux » pour abaisser le temps du calcul qui reste important.

- Étendre le code aux domaines : multi phases, multi composants, à résistance thermique de contact et aux changements de phase, etc.

D'un point de vue prospectif, les simulations numériques peuvent servir non seulement à l'évaluation des propriétés de matériaux non accessible aux mesures expérimentales, mais peuvent aussi servir à l'élaboration de modèles numériques de matériaux. C'est-à-dire synthétiser numériquement la structure morphologique d'un nouveau matériau à partir de caractéristiques prédéfinies.

Supposons qu'il soit souhaité une structure poreuse de porosité ϕ et de valeur de perméabilité k. La relation de Kozeny-Carman (Eq. IV-15) permet d'estimer une valeur de la surface volumique s du matériau à construire.

$$k = \frac{\phi^3}{Cs} \Rightarrow s = \frac{\phi^3}{Ck} \qquad \text{(Eq. IV-15)}$$

Or cette valeur est la limite quand r tend vers 0 de la pente de la courbe théorique de la fonction de corrélation 2-points S_2 :

$$\frac{d}{dr} S_2(r)\Big|_{r=0} = -s/(2D) \text{ avec } D = 3 \qquad \text{(Eq. II-11)}$$

La fonction $S_2(0) = \phi$ et pour un milieu désordonné à longue distance $S_2(\infty)$ tend vers la valeur $S_2(\infty) = \phi^2$. Ce qui définit une classe de fonctions 2-Points $S_2(r)$ théoriques représentant un milieu satisfaisant aux conditions imposées. D'autre fonctions morphologiques, notamment la fonction d'amas 2-points ou la fonction de distribution de taille des pores peuvent préciser la morphologie du milieu. Lequel peut donc être reconstruit ce qui permet alors de réaliser un ou des échantillons représentatifs théoriques en 3D.

Il reste alors sur la base de ces informations à imaginer et mettre en œuvre une procédure expérimentale qui permette la synthèse d'un tel matériau hypothétique. Les intérêts économiques de ces reconstructions « ex nihilo » sont non seulement de grands intérêts technologiques et économiques mais aussi théoriques et des recherches sur les conditions de régularité de fonctions 2-points S_2 représentatives de milieux aléatoires réalisables sont publiées*.

Nous formulons l'espoir que le travail présenté ici permettra aux laboratoires de matériaux en général et au SPCTS en particulier de s'approprier des méthodes d'évaluations désormais permises de façon économiques du fait des performances croissantes des outils numériques et informatiques.

---

* Y. Jiao, F. Stillinger and S. Torquato, Modeling Heterogeneous Materials via Two-Point Correlation Functions. II Algorithmic details and applications, Phys. Rev. E Vol. 77 (2008) 031135 (15).

Annexe 1 : Relation entre la fonction 2-Points et la surface volumique d'un matériau

Cette relation est un cas particulier du **théorème de Stokes**[2], résultat central de l'intégration de formes différentielles qui généralise de nombreux théorèmes d'analyse vectorielle, et de sa formulation particulière dite de Green-Ostrogradsky.

Théorème de Stokes — Soit M une variété différentielle orientée de dimension n, et ω une (n-1)-forme différentielle à support compact sur M de classe C^1. Alors, on a : $\int_M d\omega = \int_{\partial M} i^* \omega$ où d désigne la dérivée extérieure, ∂M le bord de M, muni de l'orientation sortante, et $i : \partial M \to M$ est l'inclusion canonique.

Voici la démonstration, de ce cas particulier selon James G. Berryman[3] en 1987, laquelle est plus élégante et moins intuitive que celle proposée en 1957 par P. Debye and al.[4]

La fonction caractéristique du matériau $f(x)$ étant définie comme en chapitre II. Les deux premières fonctions de corrélation sont :

---

[2] Le théorème est attribué à Sir George Gabriel Stokes, mais le premier à connaître ce résultat est en réalité William Thomson. Le mathématicien et le physicien entretiennent une correspondance active durant 5 ans de 1847 à 1853.

[3] James G. Berryman, J. Math. Phys. **28** (1), January 1987.

[4] P. Debye, H.R. Anderson, Jr. and H. Brumberger, J. Appl. Physics **28**, (6), June 1957, 679.

Annexe 1 : Relation entre la fonction 2-Points et la surface volumique

$$\bar{S}_2 = \langle f(x) \rangle = \phi \qquad\qquad \text{Eq. A1- 1}$$

et

$$\bar{S}_2(r_1, r_2) = \langle f(x + x_1) f(x + x_2) \rangle \qquad\qquad \text{Eq. A1- 2}$$

où les crochets $\langle . \rangle$ indiquent une moyenne sur le volume décrit par la coordonnée x. La porosité est notée ϕ. Dans l'hypothèse où le matériau est statistiquement homogène et que seule la différence de coordonnées est significative, c'est-à-dire que le matériau est statistiquement invariant en translation, il est possible d'écrire que :

$$\bar{S}_2(r_1, r_2) = S_2(r_2 - r_1) \qquad\qquad \text{Eq. A1- 3}$$

De l'Eq. A1-2 il s'en suit que

$$S_2(r) = \frac{1}{V} \int_V d^3x f(x) f(x + r) \qquad\qquad \text{Eq. A1- 4}$$

où V est le volume total (domaine) d'intégration. Compte tenu de ce que :

$$S_2(0) = \phi \qquad\qquad \text{Eq. A1- 5}$$

et

$$\lim_{|r| \to \infty} S_2(r) = \phi^2 \qquad\qquad \text{Eq. A1- 6}$$

Le théorème à démontrer est que

$$A_2'(0) = -\frac{s}{4} \qquad\qquad \text{Eq. A1- 7}$$

Annexe 1 : Relation entre la fonction 2-Points et la surface volumique

où s est la surface volumique (surface par unité de volume) et où la moyenne angulaire de $S_2(r)$ est définie par :

$$A_2(r) = \frac{1}{4\pi} \int d\phi d\theta \sin\theta S_2(\hat{r}r) = \frac{1}{4\pi} \int d\phi d\theta \sin\theta \int_V d^3x f(x) f(x + r\hat{r}) \quad \text{Eq. A1- 8}$$

où $\hat{r} = \hat{r}(\theta, \phi)$ est le vecteur radial unitaire.

Pour obtenir le résultat Eq. A1-5, procédons de la façon suivante. Prenons la dérivée de Eq. A1-8 qui s'écrit :

$$\frac{dA(r)}{dr} = \frac{1}{4\pi V} \int d\phi d\theta \sin\theta \int_V d^3x f(x) \frac{\partial f(x + r\hat{r})}{\partial r} \qquad \text{Eq. A1- 9}$$

Définissons V_p le volume des pores, nous obtenons:

$$\frac{dA(r)}{dr} = \frac{1}{4\pi V} \int d\phi d\theta \sin\theta \int_{V_p} d^3x f(x) \nabla f(x + r\hat{r}) \qquad \text{Eq. A1- 10}$$

Alors si da_s est un élément infinitésimal de la surface a_s du matériau, nous avons:

$$\frac{dA(r)}{dr} = \frac{1}{4\pi V} \int da_s \int_{V_p} d^3 d\phi d\theta \sin\theta \hat{r}.\hat{n}_S^3 f(x + r\hat{r}) \qquad \text{Eq. A1- 11}$$

où $\hat{n}$ est le vecteur normal unitaire sortant de la surface à la position x_S. Si $r \rightarrow 0^+$ et si le système de coordonnées est centré en x_s, avec $\hat{n} = \hat{z}$, nous trouvons que:

$$\int d\phi d\theta \sin\theta \hat{r}.\hat{n}_S^3 f(x_S + 0^+ \hat{r}) = 2\pi \int d\theta \sin\theta \cos\theta \hat{r}.\hat{n}_S^3 f(x_S + 0^+ \hat{r})$$
$$= 2\pi \int \mu d\mu = -\pi \qquad \text{Eq. A1- 12}$$

et nous obtenons à partir de Eq. A1-11 le résultat attendu:

Annexe 1 : Relation entre la fonction 2-Points et la surface volumique

$$\lim_{|r| \to \infty} \frac{dA(r)}{dr} = -\frac{a_s}{4V}$$

Eq. A1- 13

ce qui est équivalent à Eq. A1-7 si $s = a_s / V$.

Annexe 2 : Image et traitement d'image

Formats d'image

Il est indispensable de bien définir un format d'image dans un code de calcul afin que le code puisse la reconnaitre et donc la lire. Dans la suite on présente la définition du format BMP et du format TIFF.

Le format *BMP*

Le format *bmp* (**Bit**Map **P**icture) est un des formats les plus simples. Un fichier *bmp* est un fichier d'image graphique stockant les pixels sous forme matricielle et gérant les couleurs soit en couleur vraie soit grâce à une palette indexée. Chaque fichier *bmp* contient comme il est illustré en Figure A2- 1 :

- Entête du fichier : BITMAPFILEHEADER
- Entête de l'image : BITMAPINFOHEADER
- Palette de l'image : RGBQUAD
- Corps de l'image : BYTE (un tableau de bytes qui définit les bits de bitmap

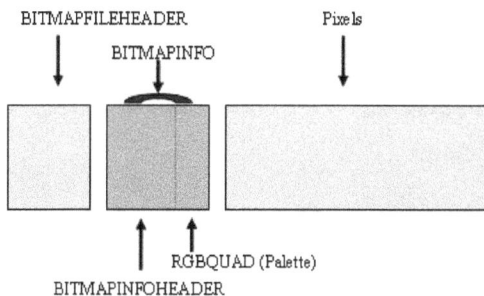

Figure A2- 1 : Structure de format *bmp*

Les informations à définir dans un module sont:

```
Type BITMAPFILEHEADER
    bfType As String          ' "BM"
    bfSize As Integer         ' Size of file
    bfReserved As Integer           ' "0"
    bfOffBits As Integer      ' Image offset
End Type
Type BITMAPINFOHEADER
    biSize As Long
    biWidth As Long
    biHeight As Long
    biPlanes As Integer
    biBitCount As Integer
    biCompression As Long
    biSizeImage As Long
    biXPelsPerMeter As Long
    biYPelsPerMeter As Long
    biClrUsed As Long
    biClrImportant As Long
End Type
Private Type RGBQUAD
    rgbBlue As Integer
    rgbGreen As Integer
    rgbRed As Integer
    rgbReserved As Integer
End Type
```

```
Private Type BITMAPINFO
    bmiHeader As BITMAPINFOHEADER
    bmiColors As RGBQUAD
End Type
```

Le format *TIFF*

Le format *tiff* (Tagged Image File Format) est par exemple le format des images obtenues par MEB et qu'on utilise pour étudier la structure des matériaux. Chaque fichier d'image doit contenir :

- Un entête du fichier : IMAGEFILEHEADER
- Un répertoire du fichier : IMAGEFILEDIRECTORY

La Figure A2- 2 montre les informations principales dans un fichier d'image *tiff* :

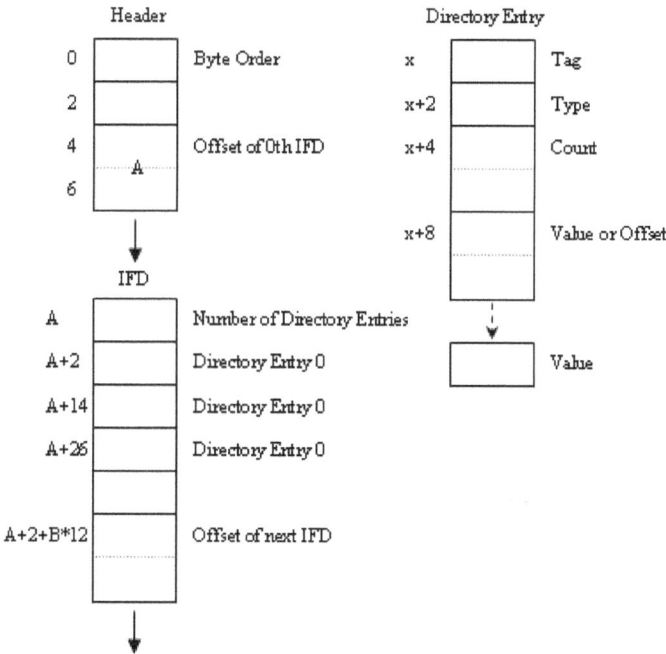

Figure A2- 2 : Structure d'un fichier d'image *tiff*

VB6 n'accepte pas d'afficher les images avec l'outil *Picturebox*. Il faut donc écrire un module de programme :

```
Type IMAGETIFF
    ' ***** IFH *****
    ByteOrder As String      ' the byte order
    IFDOff As Integer        ' The offset of the first IFD
    ' ***** IFD *****
    BitsPSample As Integer   ' Number of bits per component
    ColorMap As Integer      ' A color map for palette color image
    Compression As Integer   ' Compression scheme used on the
image data
    FillOrder As Integer     ' The logical order of bits within a byte
    GrayRCurve As Integer    ' For grayscale data, the optical
density of each possible pixel value
    GrayRUnit As Integer     ' The precision of the information
contained in GrayRCurve
    ImageLength As Long      ' Number of rows of pixel in the image
    ImageWidth As Long       ' Number of columns in the image
\number of pixel per row
    MaxSValue As Integer     ' The maximum component value
used
    MinSValue As Integer     ' The minimum component value used
    Oriantation As Integer   ' The oriantation of the image
    PhotoInt As Integer      ' The color space of the image data
```

PlannerCon As Integer　　' How the components of each pixel are stored

ResUnit As Long　　　' The unit of measurement for XRes and YRes

XRes As Double　　　　' The number of pixels per ResUnit in the image width direction

YRes As Double　　　　' The number of pixels per ResUnit in the image length direction

RowPStrip As Long　　　' The number of rows per strip

SampelsPPixel As Integer　　' The number of components per pixel

StripByteCounts As Long　　' For each strip, the number of bytes after compression

StripOff As Long　　　' For each strip, the byte offset

Threshold As Integer　　' For black and white Tiff

' ***** Document Storage *****

PageNum As Integer　　　' The page number of the page from which this image was scanned

Xpos As Double　　　' X position of the image

Ypos As Double　　　' Y position of the image

End Type

Traitement d'image

Les différents genres de transformations d'image peuvent être récapitulés comme suit:

● Ceux qui opèrent une image simple, basés sur les valeurs d'éclat des *pixels* de voisinage. Ceci inclut les combinaisons arithmétiques telles que les grains multiplicatifs aussi bien que ceux qui rangent les valeurs de *pixels* et gardent le maximum, le minimum ou la valeur médiane. Ils sont employés pour lisser, affiner, perfectionnement de bord et l'extraction de la texture.

● Ceux qui fonctionnent dans l'espace de Fourier pour choisir des fréquences et des orientations spécifiques dans l'image qui correspondent aux informations désirées ou non désirées et permettent au dernier d'être efficacement enlevé. Les mesures des espacements réguliers peuvent être faites dans l'image de Fourier plus commodément que dans le domaine spatial. Il y a également d'autres espaces alternatifs, tels que l'espace de Hough, qui sont commodes pour identifier des lignes, des cercles ou d'autres formes et alignements spécifiques des dispositifs.

● Ceux qui opèrent deux images pour combiner les valeurs de gris des *pixels*. Ceci inclut des opérations arithmétiques (ajouter, soustraire, etc.) ainsi que des comparaisons (garder la valeur la plus lumineuse ou la plus foncée). Ils sont employés dans la mise à niveau de contraste, en enlevant les signaux non désirés et en combinant des vues multiples.

● Ceux qui opèrent des images binaires simples basées sur le modèle local des *pixels* voisins. Ceux-ci sont habituellement opérateurs morphologiques appelés (érosion, dilatation, etc.). Ils ajoutent ou suppriment des *pixels* pour lisser des formes, complètent des lacunes, etc. Ils peuvent également être employés pour extraire des informations de base sur la forme étudiée (les contours ou le squelette).

● Ceux qui sont basés sur la carte euclidienne de distance, dans laquelle chaque *pixel* de l'image binaire est affecté à une valeur d'échelle grise égale à sa distance du *pixel* de fond le plus proche. Ceux-ci permettent la segmentation de dispositifs convexes émouvants (ou leur compte rapide), et mesure de la distance des dispositifs des frontières irrégulières.

● Ceux qui combinent deux images binaires en utilisant la logique booléenne. Ceux-ci permettent à des critères flexibles d'être employés pour combiner des représentations multiples du même secteur, à l'échelle du *pixel* ou à celle de l'échantillon.

Liste des figures

Liste des tableaux

Table des matières

www.ingramcontent.com/pod-product-compliance
Lightning Source LLC
Chambersburg PA
CBHW021037210326
41598CB00016B/1050